兽医临床诊疗宝典

兔病诊疗原色图谱

ZHENLIAO YUANSE TUPU

任克良　陈怀涛　著

中国农业出版社

内容提要

本书是由山西省农科院畜牧兽医研究所任克良副研究员与甘肃农业大学陈怀涛教授共同编著。内容包括兔的细菌性传染病、病毒性传染病、霉菌病、寄生虫病、营养代谢疾病、中毒性疾病、其他常见病和肿瘤等，共60种。这些疾病在我国多有发生，危害严重。重点介绍了病原（或病因）、典型症状、诊断要点、防治措施和诊疗注意事项。其中配有各种彩色照片240余幅。本书适合广大养兔生产者、基层兽医工作者阅读，也可供畜牧兽医大专院校师生参考。

序言

随着我国国民经济和畜牧业的不断发展，城乡居民对动物产品尤其肉、奶、蛋、毛、皮等质量的要求越来越高，然而各种动物疾病的频繁发生严重影响畜牧业的发展，并给养殖业带来了巨大的经济损失。

为了使基层畜牧兽医工作者和动物养殖专业人员能较快学习并掌握多种动物主要疾病的基础知识和临床诊疗技术，中国农业出版社决定组织编写一套全彩丛书《兽医临床诊疗宝典》，这是很有意义的举措。本丛书编写工程的启动，旨在提高我国动物疾病防控工作的质量，促进畜牧业的健康发展，为养殖业及农牧民增收贡献力量。

参加本丛书编审工作的都是具有丰富兽医临床实践经验并收藏有大量珍贵彩色照片的兽医专家。这些专家的临诊经验和学术水平，保证了丛书的质量，使其具有科学性、实用性和可操作性。

本丛书主要收录各种动物的常见病、多发

病，不仅将危害严重的传染病与寄生虫病作为重点，而且包括日益受到重视的营养代谢病、中毒病、其他疾病和肿瘤。每一疾病的内容都由病因或病原、典型症状和图片、诊断要点、防治措施及诊疗注意事项五部分组成。因此，本丛书的最大特点是图文并茂、简明扼要、重点突出、易于学习和应用。

本丛书出版之际，谨对全体编写人员的严谨学风和付出的艰辛劳动深表敬意！对中国农业出版社的大力支持致以谢意！颜景辰编辑在本丛书的整个编写和出版过程中做了出色的组织和协调工作，在此特表感谢！

祝贺《兽医临床诊疗宝典》丛书出版！相信其对我国养殖业的发展和动物疾病的防控必将发挥重要作用。

陈怀涛

2008年6月

前言

随着人民生活水平的日益提高，近年来对兔产品(兔肉、兔皮、兔毛)的需求呈明显增长趋势。因此，促进了养兔业向高产、优质、高效方向发展。但兔病的大量发生和严重流行威胁着养兔业的健康和持续发展。兔的疾病十分复杂，当其一旦发生，养殖人员和基层往往措手不及，难以准确诊断，这就延误了治疗时机，造成重大的损失。为此，我们编写了《兔病诊疗原色图谱》一书，相信它对广大养兔者定会有所帮助。

本书内容涉及兔的细菌性传染病、病毒性传染病、霉菌病、寄生虫病、营养代谢疾病、中毒性疾病、其他常见病和肿瘤等，共60种。这些疾病在我国多有发生，危害严重。本书对每种病重点介绍了病原(或病因)、典型症状、诊断要点、防治措施和诊疗注意事项。为了使读者在发病现场尽快做出较正确诊断，并迅速采取防治措施，以达到控制疾病的目的，我们特选配了各种彩色照片240余幅。

本书的大部分图片是由作者在科研、教学和临诊实践中积累的，有些则由国内外学者或教学、研究单位所提供，在此一并表示谢意！

尽管作者为本书之面世做了不小努力，但因时间仓促和水平有限，其中的缺点和错误在所难免，因此恳请广大读者批评指正。

任克良　陈怀涛

2008年6月

目录

巴氏杆菌病

本病是由多杀性巴氏杆菌引起的各种病症的总称。表现为败血型、肺炎型、传染性鼻炎、中耳炎、化脓性眼结膜炎、子宫脓肿、睾丸炎和脓肿病灶等病症。是家兔的一个主要疾病。

【病原】多杀性巴氏杆菌为革兰氏阴性菌，两端钝圆、细小，呈卵圆形的短杆状，菌体两端着色深，但培养物涂片染色，两极着色则不够明显。

【典型症状】

败血型：急性时精神萎靡，不食，呼吸急促，体温达41℃以上，鼻腔流出浆液性、脓性鼻液。死前体温下降，四肢抽搐。病程短的24小时内死亡，长的1～3天死亡。流行初有的病例不显症状而突然倒毙。剖检见全身性出血、充血和坏死变化（图1至图9）。该型可激发于其他任何一型巴氏杆菌病，但最多见于鼻炎型和肺炎型之后，此时可见到其他型的症状和病变。

肺炎型：以急性纤维素化脓性肺炎和胸膜炎为特征。病初食欲不振，精神沉郁，常以败血症告终。肺的病变为纤维素性、化脓性、坏死性肺炎以及纤维素性胸膜炎和心包炎变化（图10至图12）。

鼻炎型：以浆液性或黏脓性鼻炎和副鼻窦炎为特征（图13）。

中耳炎型：单纯中耳炎多无明显症状，如炎症蔓延至内耳或脑膜、脑质，则可表现斜颈、头向一侧偏斜（图14）甚至出现运动失调和其他神经症状（图15）。剖检时在一侧或两侧中耳的鼓室内有白色或淡黄色渗出物（图16、图17）。鼓膜破裂时，从外耳道流出炎性渗出物。也可见化脓性内耳炎和脑膜脑炎。

结膜炎型：眼睑中度肿胀，结膜发红（图18），有浆液性、黏液性或黏脓性分泌物（图19）。

生殖器官感染型：母兔感染时可无明显症状，或表现为不孕并有黏脓性分泌物从阴道流出。子宫扩张，黏膜充血，内有脓性渗出物（图20、图21）。公兔感染初期附睾出现病变，随后一侧或两侧的睾丸肿大，质地坚硬，有的伴随脓肿（图22）。

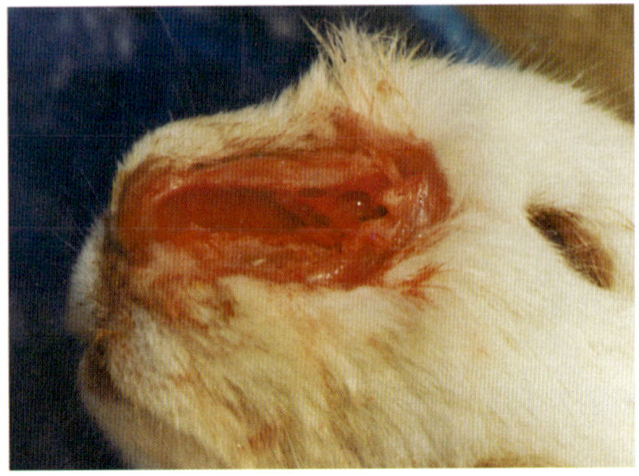

图1　浆液出血性鼻炎

鼻腔黏膜充血、出血、水肿，附有淡红色鼻液。（陈怀涛）

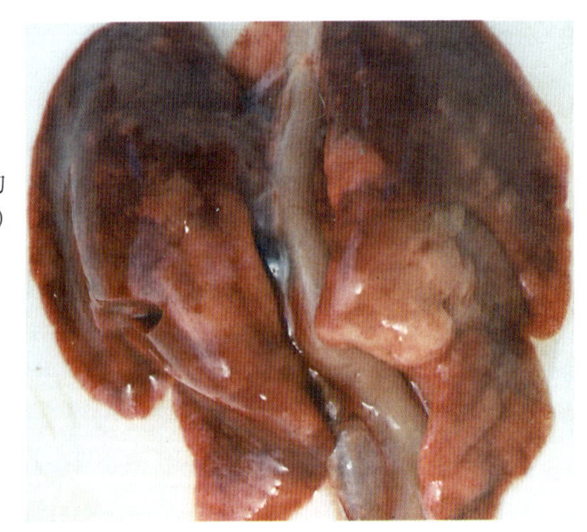

图2　出血性肺炎

肺充血、水肿，有许多大小不等的出血斑点。（陈怀涛）

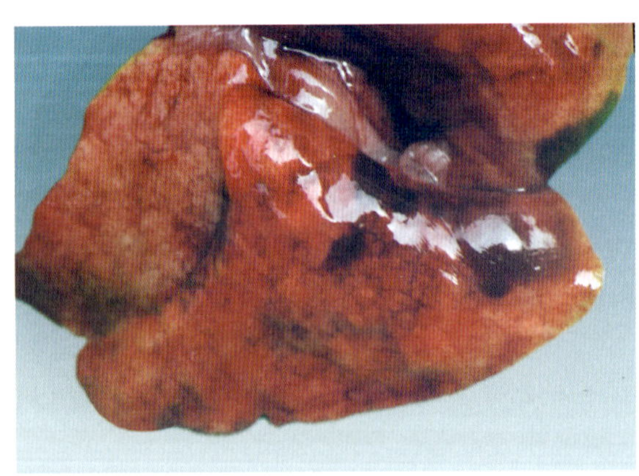

图3　纤维素性肺炎

部分肺叶因纤维素渗出而质地实在，呈明显肝变。（陈怀涛）

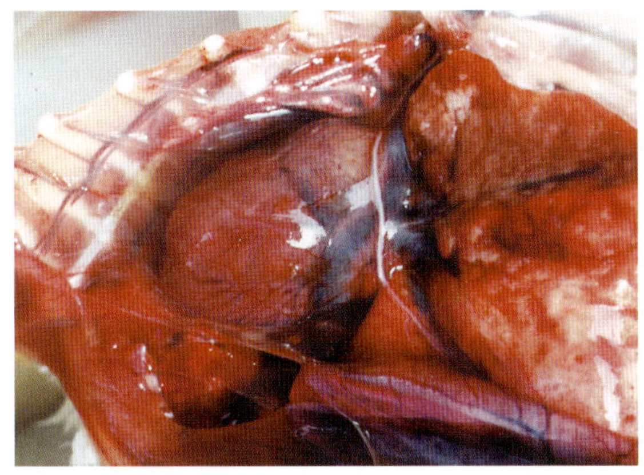

图 4　心包积液

心包腔积液，心外膜和肺表面有大量出血斑点。

（陈怀涛）

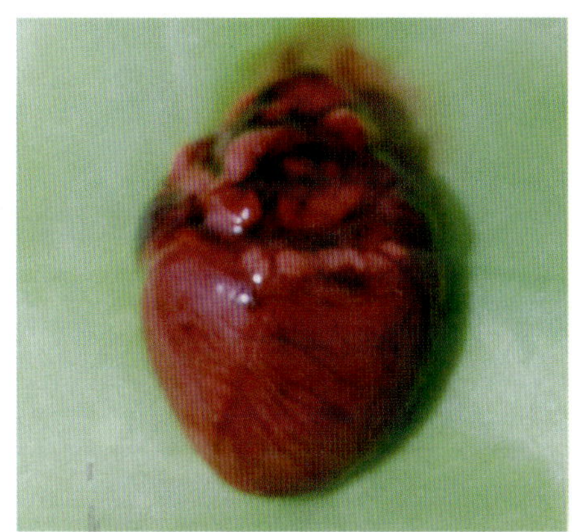

图 5　心外膜出血

心外膜血管充血并有明显出血。

（陈怀涛）

图 6　肝坏死点

肝表面散在大量灰黄色坏死点。（陈怀涛）

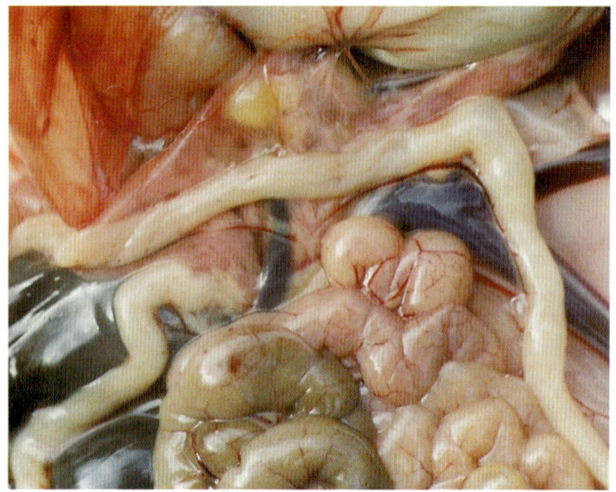

图 7　肠浆膜出血

结肠和空肠浆膜散在较多出血斑点。（陈怀涛）

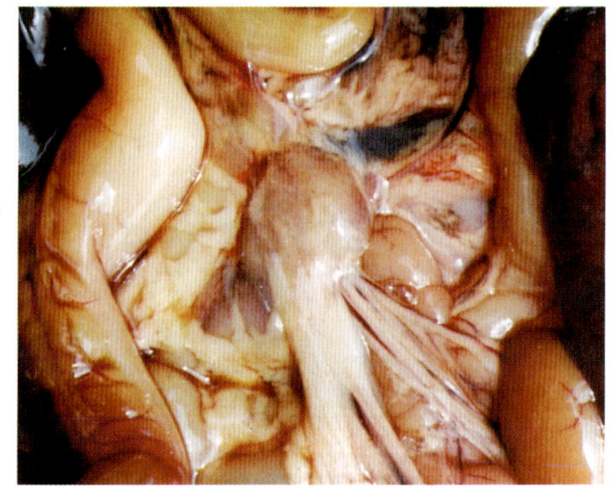

图 8　淋巴结出血

肠系膜淋巴结肿大、出血。（陈怀涛）

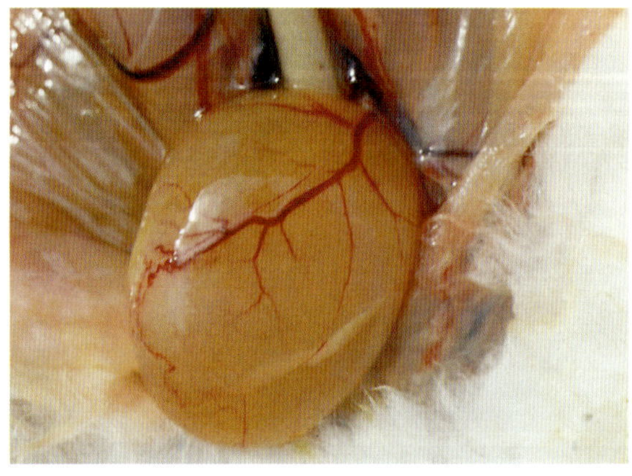

图 9　膀胱积尿

膀胱积尿，血管怒张，直肠浆膜有出血点。（陈怀涛）

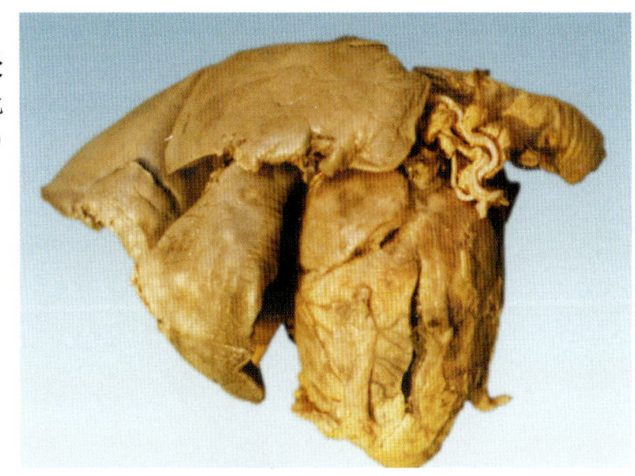

图10　纤维素性胸膜肺炎

肺和心外膜有纤维素性化脓性渗出物。（陈怀涛）

图11　化脓性肺炎

肺质地实在，颜色灰红，切面有灰黄色脓液流出。（陈怀涛）

图12　肺脓肿

肺有脓肿，脓肿内为大量白色脓汁。（任克良）

图 13　黏脓性鼻炎

鼻孔周围有大量黏脓性分泌物附着，分泌物干涸，病兔呼吸困难。（任克良）

图 14　中耳炎

病兔斜颈，采食困难，有黏液性鼻涕流出。（任克良）

图 15　中耳炎

头偏向一侧，运动失调。（任克良）

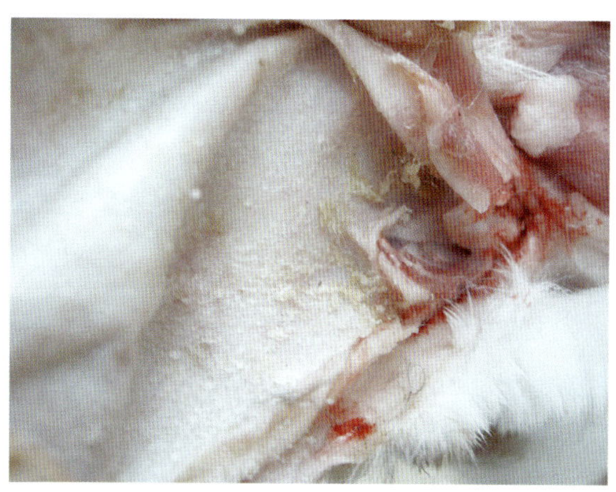

图 16 中耳炎

外耳与中耳内有淡黄色渗出物。（任克良）

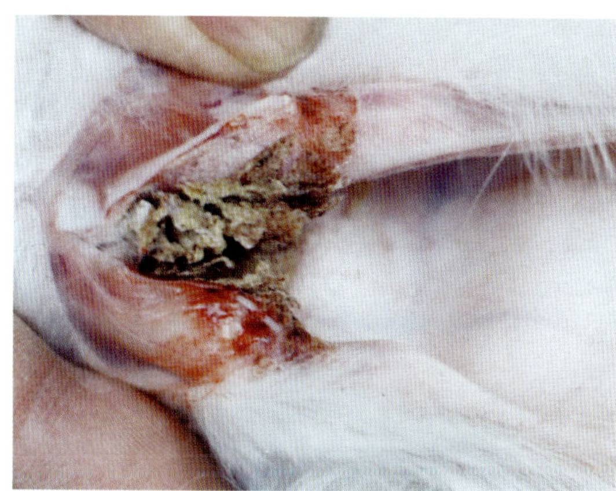

图 17 中耳炎

中耳内充塞干酪样的物质。（陈怀涛）

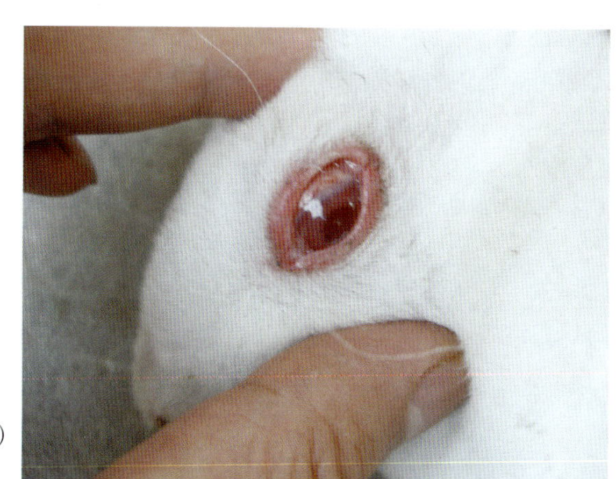

图 18 结膜炎

眼结膜潮红，眼睑肿胀。（任克良）

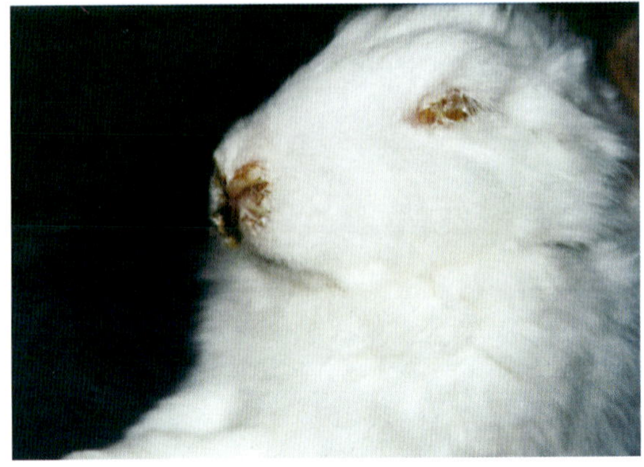

图 19　结膜炎

结膜发炎，有黄白色脓性分泌物　　（任克良）

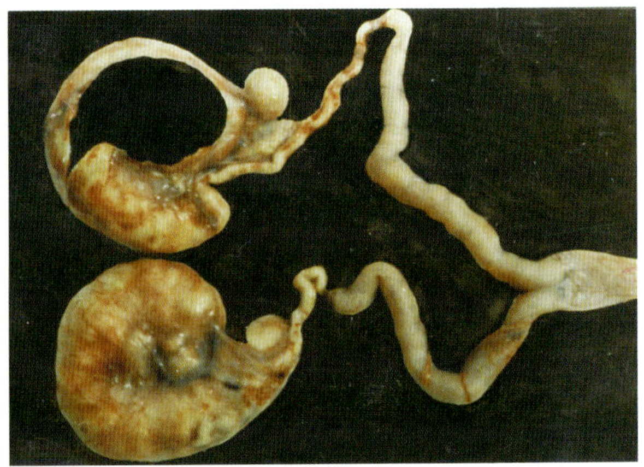

图 20　化脓性子宫内膜炎与输卵管炎

子宫角与输卵管因脓液大量积聚而增粗。（范国雄）

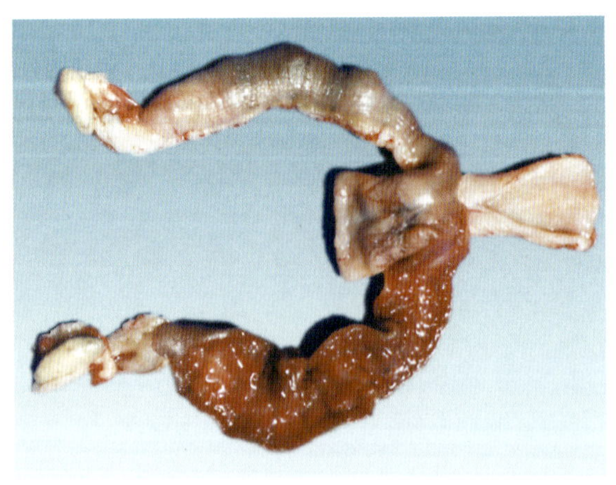

图 21　出血化脓性子宫内膜炎

子宫黏膜充血、水肿并有灰红色脓液。　（陈怀涛）

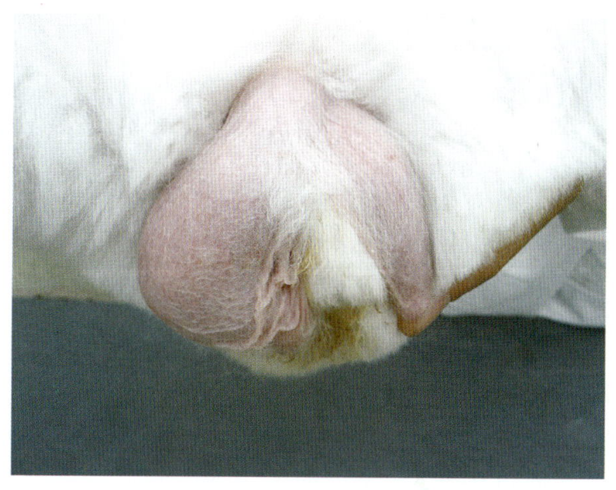

图 22　睾丸炎

睾丸明显肿大

（任克良）

脓肿型：全身各部皮下、内脏均可发生脓肿。皮下脓肿可触摸到。脓肿内含有白色、黄褐色奶油状脓汁。

【诊断要点】 春、秋季多发，呈散发或地方性流行。除精神委顿、不食与呼吸急促外，据不同病型的症状、病理变化可做出初步诊断，确诊须做细菌学检查。

【防治措施】 建立无多杀性巴氏杆菌种兔群。定期消毒兔舍，降低饲养密度，加强通风。对兔群经常进行临诊检查，将流鼻液、中耳炎、结膜炎的病兔及时检出，隔离饲养和治疗。定期注射兔巴氏杆菌灭活菌苗，每年 3 次。

治疗：①青霉素、链霉素联合注射。每兔青霉素 2 万～ 5 万国际单位，链霉素 5 万～ 10 万国际单位，混合一次肌肉注射，每日 2 次，连用 3 天。②磺胺二甲嘧啶。内服，首次量每千克体重 0.2 克，维持量为 0.1 克，每日 2 次。用药同时应注意配合等量的碳酸氢钠。③皮下注射抗巴氏杆菌高免单价或多价血清，每千克体重 6 毫升，8 ～ 10 小时再重复注射 1 次。

【诊疗注意事项】 本病病型较多，因此诊断时要特别仔细，并注意与兔出血症、葡萄球菌病、波氏杆菌病、李氏杆菌病等鉴别。

梭菌病

本病是由A型或E型产气荚膜菌即魏氏梭菌及其所产生的外毒素引起的一种消化道传染病，死亡率很高，是兔的重要传染病之一。

【病原】 主要为A型产气荚膜梭菌（图23），少数为E型产气荚膜梭菌。本菌属条件性致病菌，革兰氏染色阳性，厌氧条件下生长繁殖良好。可产生多种毒素。

【典型症状】 急性腹泻。粪便有特殊腥臭味，呈黑褐色或黄绿色，污染肛门等部（图24、图25）。轻摇兔体可听到"咣、咣"的拍水声。多数水泻当天或次日死亡。流行期有未见下痢即迅速死亡的病例。胃多胀满，黏膜脱落，有出血斑点和溃疡（图26至图29）。小肠壁充血、出血，肠腔充满含气泡的稀薄内容物（图30、图31）。盲肠浆膜有条纹状出血，内容物呈黑色、黑褐色或水样（图32、图33）。心脏外膜血管怒张呈树枝状（图34）。有的膀胱积有茶色或蓝色尿液（图35）。

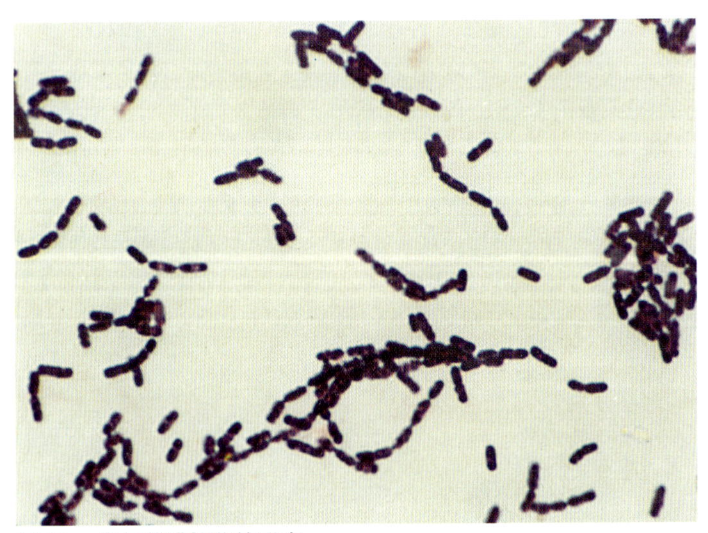

图23　产气荚膜梭菌的形态

纯培养物中产气荚膜的形态，呈革兰氏阳性。Gram × 1 000　（王永坤）

图 24　腹部膨大

腹部膨大，水样粪便污染肛门周围及尾部。（任克良）

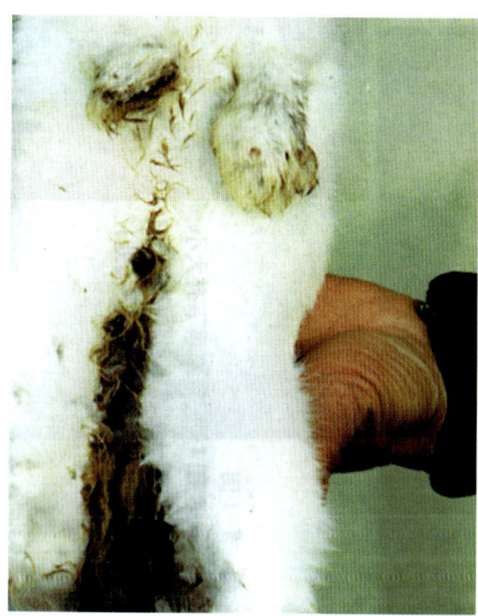

图 25　被毛染污

腹部、肛门周围和后肢被毛被水样稀粪或黄绿色粪便沾污。（任克良）

图 26　黏膜脱落

胃内充满食物，黏膜脱落。（任克良）

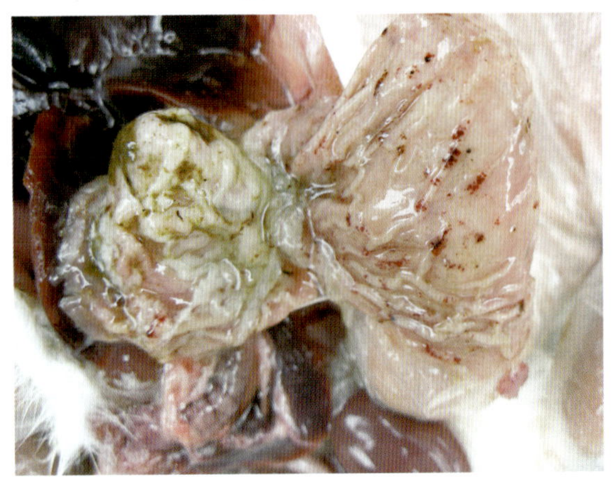

图 27　出血性胃炎

胃黏膜脱落，可见大量出血斑和出血点。（任克良）

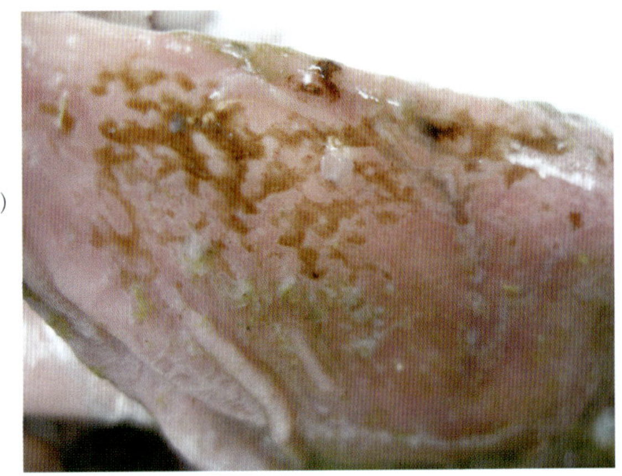

图 28　溃疡性胃炎

胃黏膜有许多浅表性溃疡。（任克良）

图 29　胃黏膜的黑色溃疡

通过胃浆膜可见到胃黏膜有大小不等的黑色溃疡斑和溃疡点。（任克良）

图 30　肠壁淤血

小肠壁淤血、出血，肠腔充满气体和稀薄内容物。

（任克良）

图 31　肠内容物稀薄

小肠壁淤血，肠腔充满含气泡的淡红色稀薄内容物。

（陈怀涛）

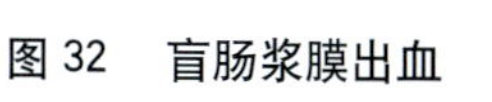

图 32　盲肠浆膜出血

盲肠浆膜出血，呈横向红色条带形。　　（任克良）

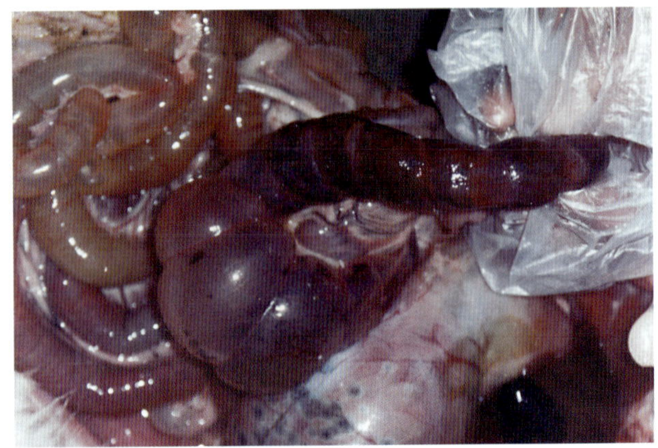

图 33　盲肠内容物色黑

盲肠内充满气体和黑色内容物。

（任克良）

图 34　心外膜充血

心脏外膜血管怒张，呈树枝状充血。　（任克良）

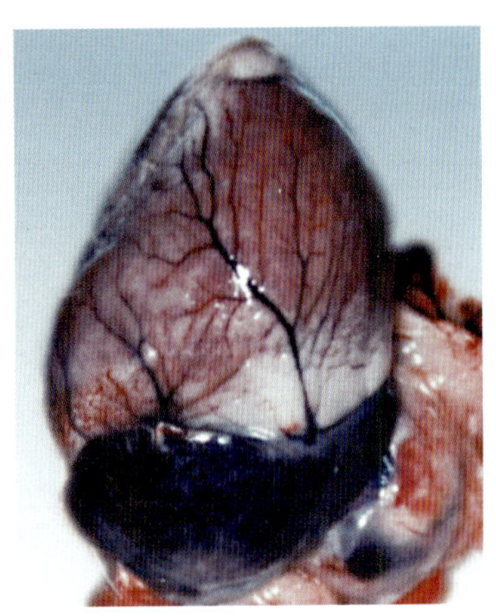

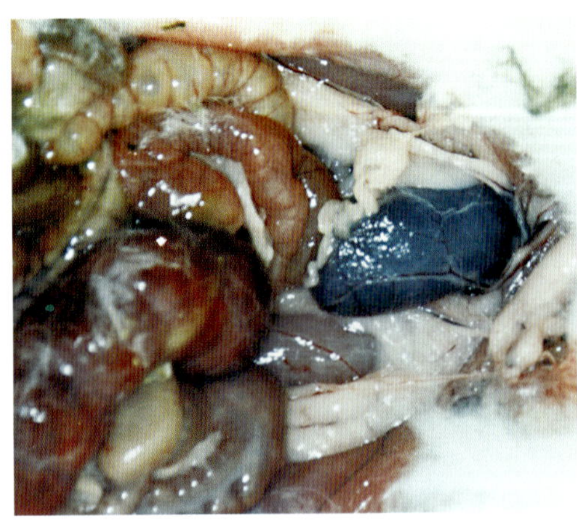

图 35　膀胱尿液色蓝

膀胱积尿，尿液呈蓝色。

（任克良）

【诊断要点】①发病不分年龄，以1～3月龄幼兔多发，饲料配方、气候突变，长期饲喂抗生素等多种应激因素均可诱发本病；②急性腹泻后迅速死亡；③胃与盲肠有出血、溃疡等特征病变；④抗生素治疗无效；⑤病原菌及其毒素检测。

【防治措施】日粮中应有足够的粗纤维，饲料变更应逐步进行，减少各种应激因素的作用。兔群定期注射A型魏氏梭菌菌苗，每年2次。

发生本病后，在饲料中增加粗饲料比例的同时，还应注射A型魏氏梭菌高免血清。感染早期可试用卡那霉素，每千克体重20毫升，肌注，每天2次，连用3天，同时配合对症治疗，如腹腔注射5%葡萄糖生理盐水进行补液，口服食母生（5～8克/只）和胃蛋白酶（1～2克/只），疗效更好。

【诊疗注意事项】诊断本病时应抓住腹泻症状和出血坏死性胃肠炎的病变。由于腹泻，故注意与泰泽氏菌、大肠杆菌病、沙门氏菌病、球虫病等疾病作鉴别。治疗对初期效果较好，晚期无效。对无临床症状的兔紧急注射疫苗，剂量应加倍。

大肠杆菌病

本病是由一定血清型的大肠杆菌及其分泌的毒素引起的一种暴发性、死亡率很高的仔、幼兔肠道传染病。其特征为水样或胶冻样粪便及脱水。

【病原】埃希氏大肠杆菌，为革兰氏阴性菌，呈椭圆形。引起仔兔大肠杆菌病的主要血清型有O_{128}、O_{85}、O_{88}、O_{119}、O_{18}、O_{26}等。

【典型症状】以下痢、流涎为主。最急性的未见任何症状突然死亡，急性的1～2天内死亡。亚急性的7～8天死亡。体温正常或稍低，四肢发冷，磨牙，精神沉郁，被毛粗乱，腹部膨胀（肠道充满气体和液体所致）。病初有黄色明胶样黏液和附着有该黏液的干粪排出（图36）。有时带黏液粪球与正常粪球交替排出，随后出现黄色水样稀粪或白色泡沫（图37、图38）。主要病理变化为胃肠炎，肠道尤其是大肠内有黏液样分泌物，小肠内含较多气体，也可见其他病变（图39至图45）。

图 36 病兔粪便

患兔排出大量淡黄色明胶样黏液和干粪球。 （任克良）

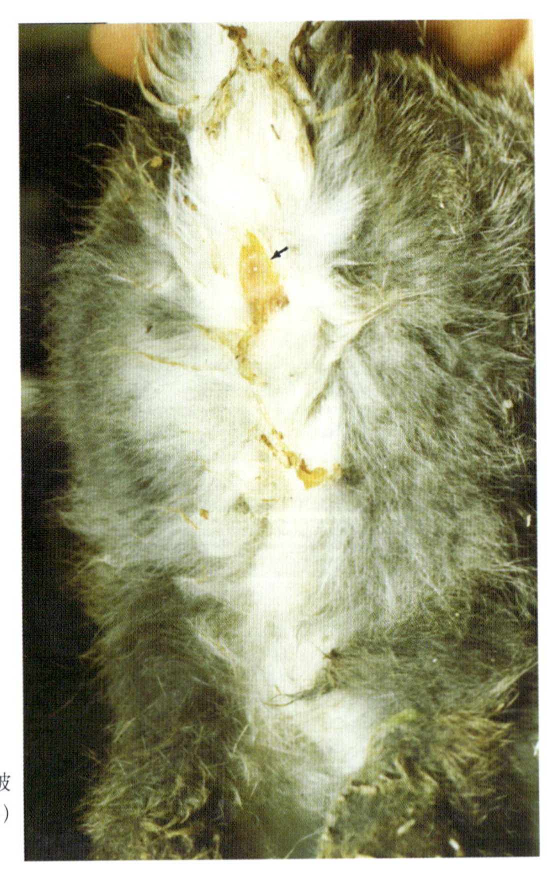

图 37 肛门污染

肛门附有胶样排泄物，附近被毛被淡黄色粪便污染。（陈怀涛）

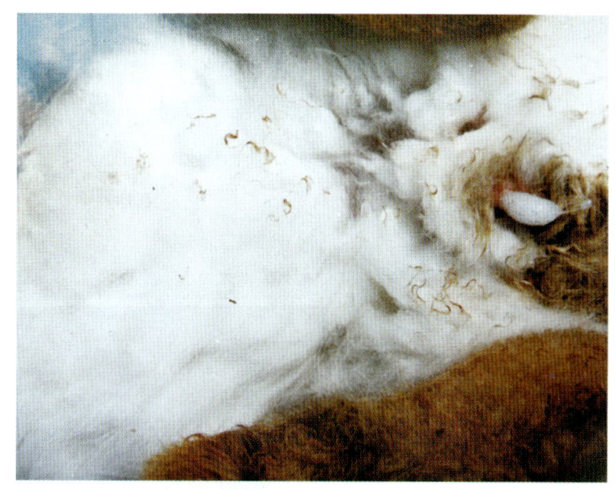

图 38　白色泡沫状黏液

流行期，有的肛门仅排出白色泡沫状黏液。（任克良）

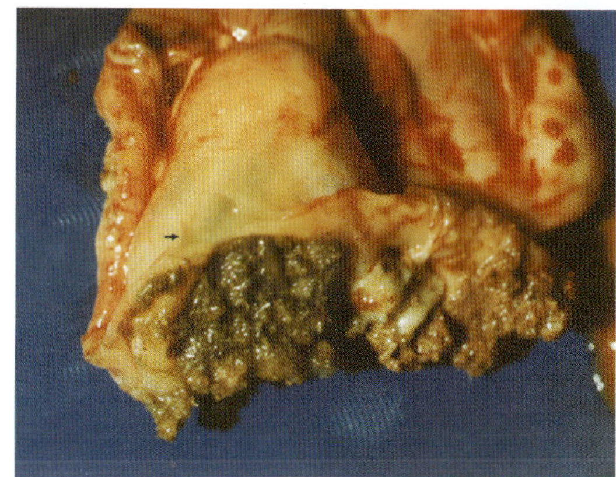

图 39　胃壁水肿

胃壁水肿（↑），黏膜脱落。（陈怀涛）

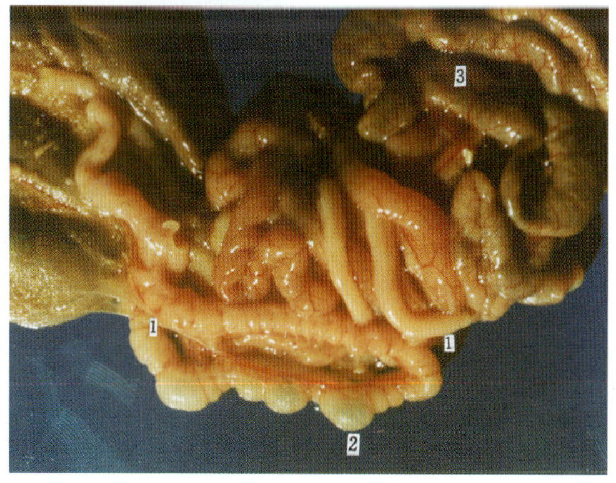

图 40　黏液性肠炎的外观

1. 结肠壁贫血，色灰白。
2. 肠腔有气体。
3. 空肠淤血，色暗红。

（陈怀涛）

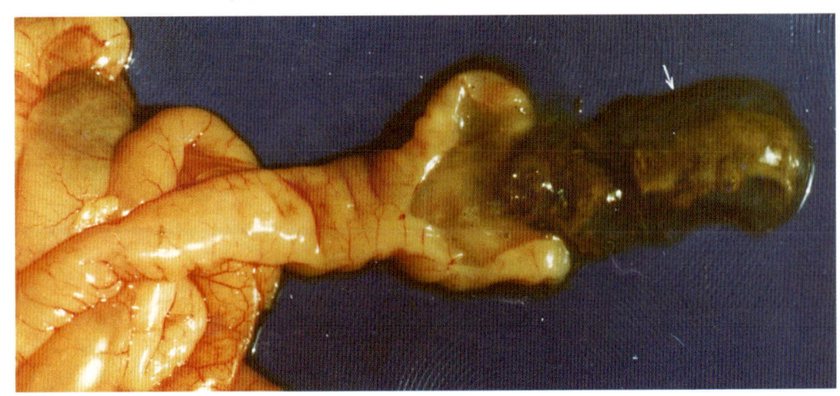

图 41　黏液性肠炎

结肠剖开时有大量胶样物流出（↑），粪便被胶样物包裹。（陈怀涛）

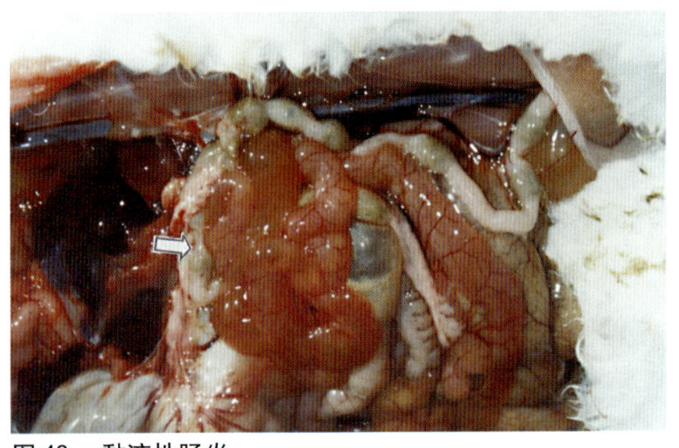

图 42　黏液性肠炎

小肠内充满气体和淡黄色黏液。（任克良）

图 43　盲肠黏膜淤血、水肿

盲肠黏膜水肿，色暗红（成年兔）。

（任克良）

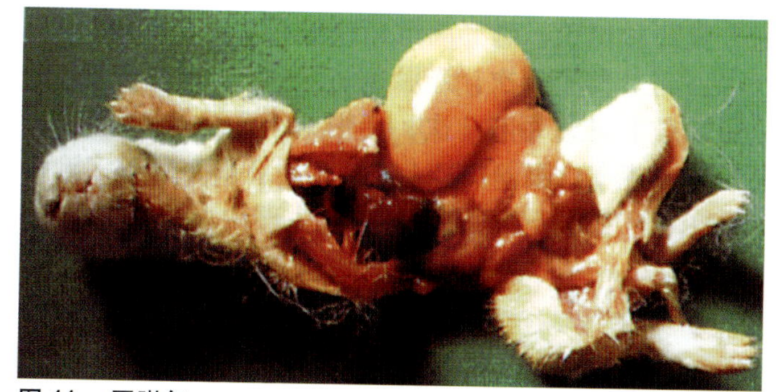

图 44　胃臌气

哺乳仔兔胃臌气、膨大，小肠内充满半透明黄色胶样物。

（西班牙 HIPRA，S.A 实验室）

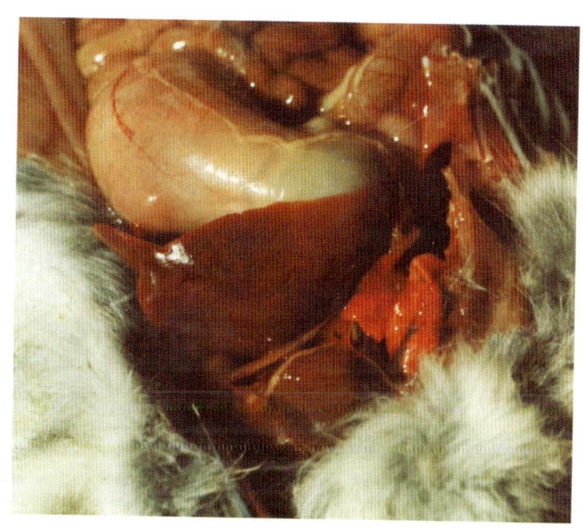

图 45　肝坏死

肝表面可见小坏死灶。

（陈怀涛）

【诊断要点】①有改变饲料配方、气候骤变等应激史；②断奶前后仔、幼兔多发；③从肛门排出黏胶状物；④有明显的黏液性肠胃炎病变；⑤病原菌及其毒素检测。

【防治措施】减少各种应激因素。仔兔断奶前后不能骤然改变饲料，饲喂要定时定量，春秋季要注意保持舍温的相对恒定。20～25日龄仔兔皮下预防接种大肠杆菌苗。用本场分离的大肠杆菌制成的菌苗预防注射，效果最好。

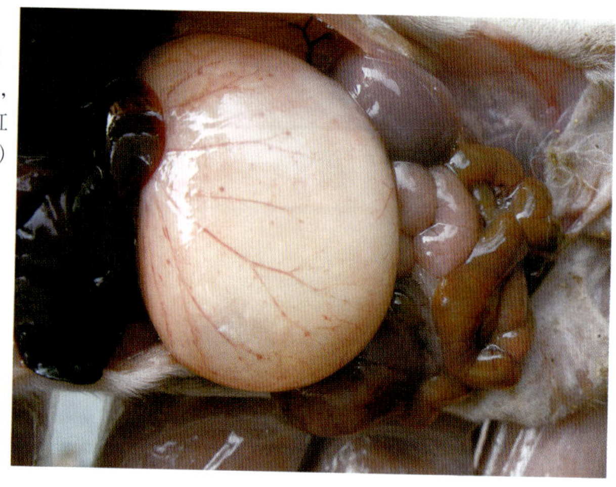

图 55　出血性胃肠炎

胃内充满食物（乳汁），浆膜出血，小肠壁呈红色。（任克良）

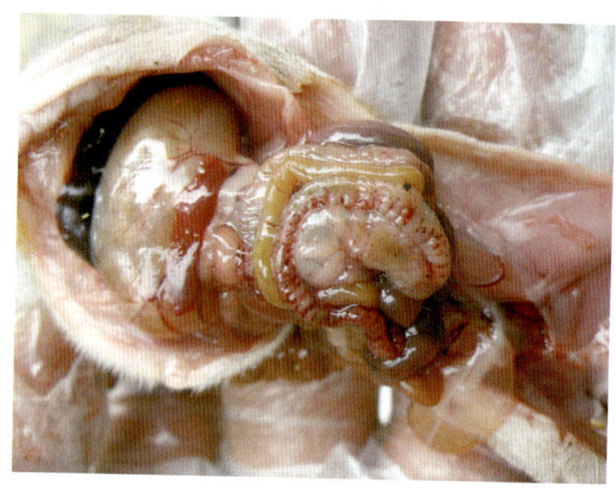

图 56　肠浆膜出血

肠浆膜有大量出血点，小肠内充满淡黄色黏液。（任克良）

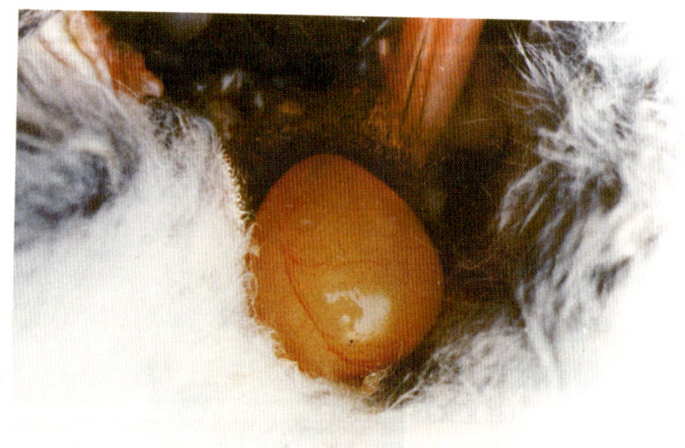

图 57　膀胱积尿

膀胱扩张，充满淡黄色尿液。（陈怀涛）

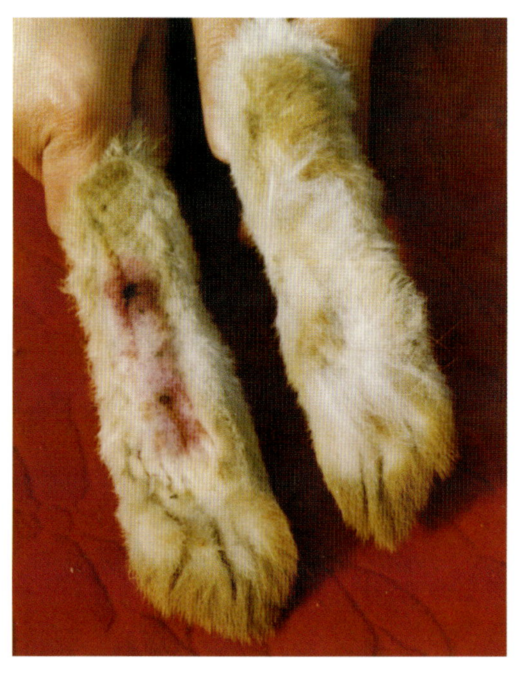

图 58　化脓性脚皮炎

一肢脚掌皮肤充血、出血，局部化脓破溃。（陈怀涛）

【诊断要点】 根据皮肤、乳腺和内脏器官的脓肿及腹泻等症状与病变可怀疑本病，确诊应进行病原菌分离鉴定。

【防治措施】 清除兔笼内一切锋利的物品，产箱内垫草要柔软、清洁，兔体受外伤时要及时作消毒处理，疫苗注射部位要严格消毒，产仔前后的母兔适当减少饲喂量和多汁饲料供给量，发病率高的兔群要定期注射葡萄球菌菌苗，每年 2 次。

局部治疗：局部脓肿与溃疡按常规外科处理，涂擦 5% 龙胆紫酒精溶液，或碘酒、5% 石炭酸溶液、青霉素软膏、红霉素软膏等药物。

全身治疗：新青霉素Ⅱ，每千克体重 10 ～ 15 毫克，肌肉注射，每日 2 次，连用 4 天。

【诊疗注意事项】 眼观初步诊断时一定要发现化脓性炎症，仔兔的肠炎要注意和其他疾病所致的肠炎做鉴别。由于巴氏杆菌病、绿脓杆菌病等也可表现化脓性炎症，因此要从病原和病变等多方面来做鉴别。

支气管败血波氏杆菌病

本病是由支气管败血波氏杆菌引起家兔的一种呼吸器官传染病，其特征是鼻炎和肺炎。

【病原】 支气管败血波氏杆菌，为一种细小杆菌，革兰氏染色阴性，常呈两极染色，是家兔上呼吸道的常在性寄生菌。

【典型症状】 鼻炎型：较为常见，多与巴氏杆菌混合感染，鼻腔流出浆液或黏液性分泌物（通常不呈脓性）（图 59）。病程短，易康复。支气管肺炎型：鼻炎长期不愈。鼻腔流出黏性至脓性分泌物。呼吸加快，食欲不振，逐渐消瘦。成年兔多为慢性，幼兔和青年兔常呈急性。剖检时，如为支气管肺炎型，支气管腔可见混有泡沫的黏脓性分泌物，肺有大小不等、数量不一的脓肿。肝、肾等器官也可见脓肿（图 60 至图 66）。

图 59　鼻炎

鼻孔有黏液性鼻液。（任克良）

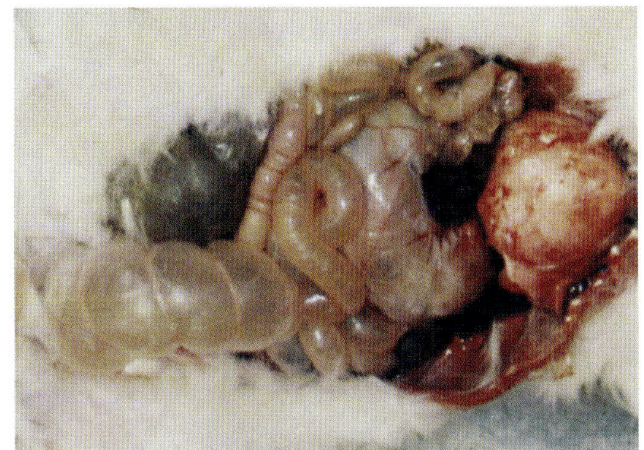

图 60　肺脓肿

肺连接有一鸡蛋大小的脓肿。

（任克良）

图 61　肺脓肿

肺和胸腔见大量脓肿。（任克良）

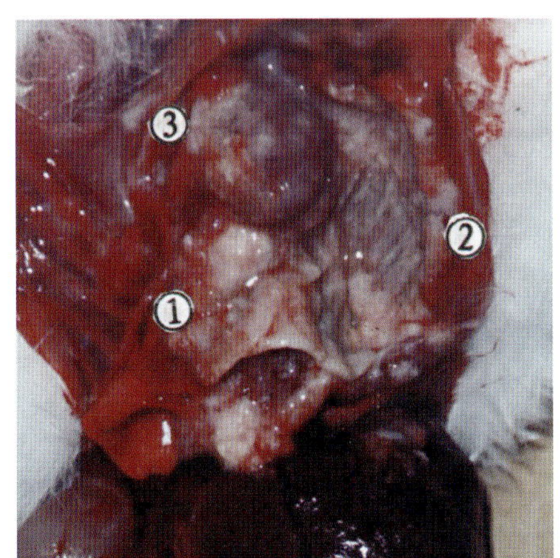

图 62　胸腔与心包腔积脓

哺乳仔兔：左肺①、胸腔②有脓汁黏附，心包③内有黏稠、乳油样的白色脓液。

（任克良）

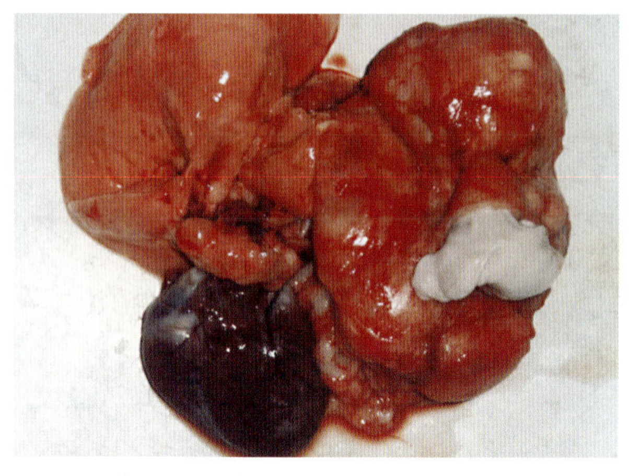

图 63　肺脓肿

肺上的一个脓肿已切开，从中流出白色乳油状脓汁。　（任克良）

图 64　肝多发性脓肿

肝上有许多较小的脓肿。（王永坤）

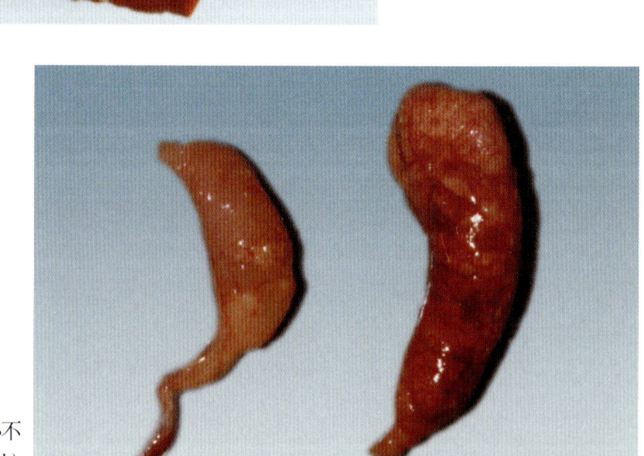

图 65　睾丸脓肿

两个睾丸均有一些大小不等的脓肿。　（王永坤）

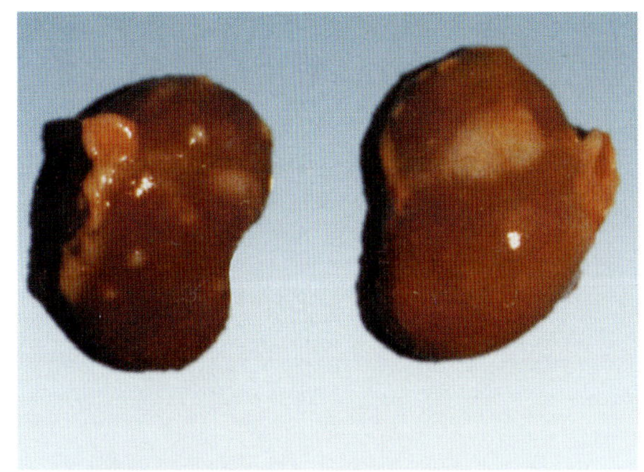

图 66 肾脓肿
肾表面见大小不等的肾脓肿。 （王永坤）

【诊断要点】 ①有明显鼻炎、支气管肺炎症状；②有特征的化脓性支气管肺炎和肺脓肿等病变；③病原菌分离鉴定。

【防治措施】 保持兔舍清洁和通风良好；及时检出、治疗或淘汰有呼吸道症状的病兔。定期注射波氏杆菌菌苗，每只皮下注射 1 毫升，免疫期 6 个月。

治疗：①庆大霉素，每只每次 1 万～2 万国际单位肌注，每日 2 次。②卡那霉素，每只每次 1 万～2 万国际单位肌注，每日 2 次。③链霉素，每千克体重 20 毫克肌注，每日 2 次。

【诊疗注意事项】 鼻炎型应与巴氏杆菌病及非传染性鼻炎鉴别，支气管肺炎型应与巴氏杆菌病、绿脓假单孢菌病及葡萄球菌病鉴别。治疗本病停药后易复发，有脓肿的病例治疗效果不明显，应及时淘汰。

沙门氏菌病

沙门氏菌病又称副伤寒，是由鼠伤寒沙门氏菌和肠炎沙门氏菌引起的一种消化道传染病，幼兔多表现为腹泻和败血症，怀孕母兔主要表现为流产。

【病原】 鼠伤寒沙门氏菌和肠炎沙门氏菌为革兰氏阴性杆菌。

【典型症状】 个别不显症状突然死亡。幼兔多表现急性腹泻，粪便带有黏液，体温升高，不食，渴欲增强，很快死亡。剖检见内脏充血、出血，淋巴结肿大，肠壁有灰白色结节，肝有小坏死灶，脾肿大等（图 67 至图 70）。母兔表现化脓性子宫内膜炎和流产，流产多发生于 25 天后，故胎儿多发育完全。孕兔流产后常引起死亡，流产的胎儿多数已成形。如未死而康复者不易受胎。未流产的胎儿常发育不全、木乃伊化或液化。

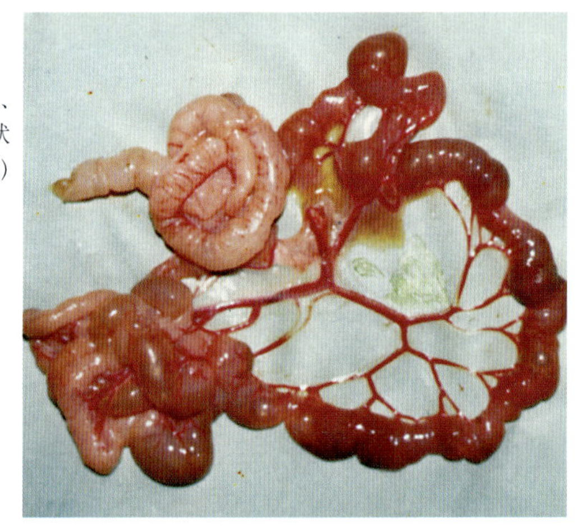

图 67　肠淤血

肠壁淤血暗红，肠系膜血管充血、怒张，肠腔内充满含气泡的稀糊状内容物。（王永坤）

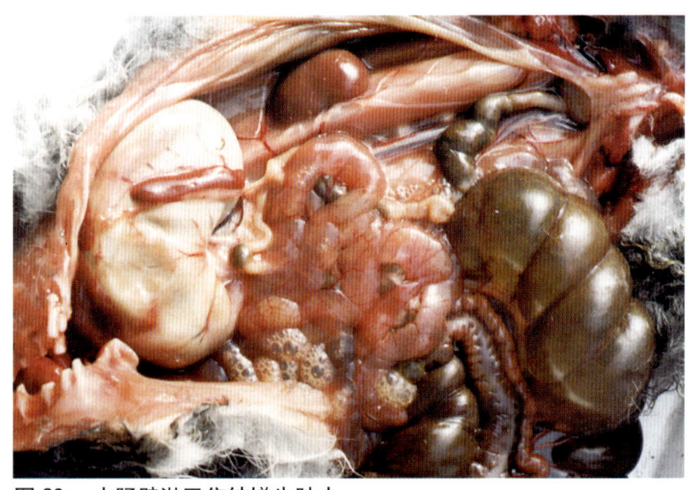

图 68　小肠壁淋巴集结增生肿大

小肠壁淤血，淋巴集结增生、呈灰白色颗粒状，肠腔内充满含气泡的稀糊状内容物。（陈怀涛）

图 69　盲肠蚓突淋巴小结增生坏死

盲肠蚓突（图中部）淋巴小结增生，并见粟粒大、灰黄色坏死结节。（陈怀涛）

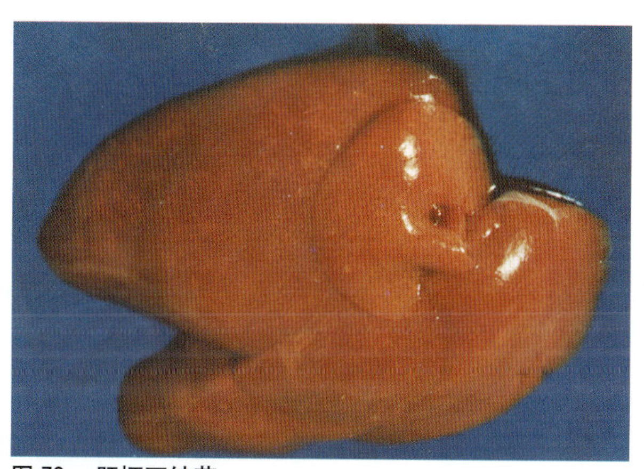

图 70　肝坏死结节

肝表面散在灰黄色小坏死点。（陈怀涛）

【诊断要点】①根据幼兔腹泻、内脏病变和怀孕母兔化脓性子宫内膜炎、流产可做初步诊断；②确诊应根据细菌学与血清学检查。

【防治措施】加强饲养管理，增强兔体抗病力。定期对兔舍、用具进行消毒。彻底消灭老鼠和苍蝇。怀孕前后母兔注射鼠伤寒沙门氏菌灭活菌苗，每兔皮下注射 1 毫升。疫区兔子每年定期注射 2 次。定期用鼠伤寒沙门氏菌诊断抗原普查带菌兔，对阳性者要隔离治疗，无治疗效果者严格淘汰。

治疗可用链霉素，每只0.1～0.2克肌注，每日2次，连用3～4天。

【诊疗注意事项】本病的临床诊断主要依靠腹泻和流产症状，但这些症状见于多种疾病，如腹泻见于梭菌病、大肠杆菌病、泰泽氏菌病、葡萄球菌病、球虫病等，应注意鉴别。用土霉素治疗时应注意休药期。

李氏杆菌病

本病为人、畜共患传染病，是由产单核细胞李氏杆菌引起的。以突然发病死亡或表现间歇性神经症状为特征，也可发生流产。

【病原】病原体为李氏杆菌，革兰氏染色阳性，在抹片中单个分散、相互并列或成“V”字形。鼠类是本菌在自然界的贮藏库。

【典型症状】潜伏期一般为2～8天。急性型：幼兔多发，精神萎靡，不吃，体温升高到40℃以上。鼻炎（图71）、结膜炎，1～2天内死亡。亚急性与慢性型：主要表现间歇性神经症状，如嚼肌痉挛，全身震颤，眼球凸出，头颈偏向一侧，做转圈运动等。如侵害孕兔则于产前2～3天发病，阴道流出红色或棕褐色分泌物。血中单核细胞增多。病理变化为鼻炎、化脓坏死性子宫内膜炎、单核细胞性脑炎和肝、心、肾、脾等内脏坏死灶形成（图72）。

图71　鼻炎
从鼻孔流出黏液性鼻液。（陈怀涛）

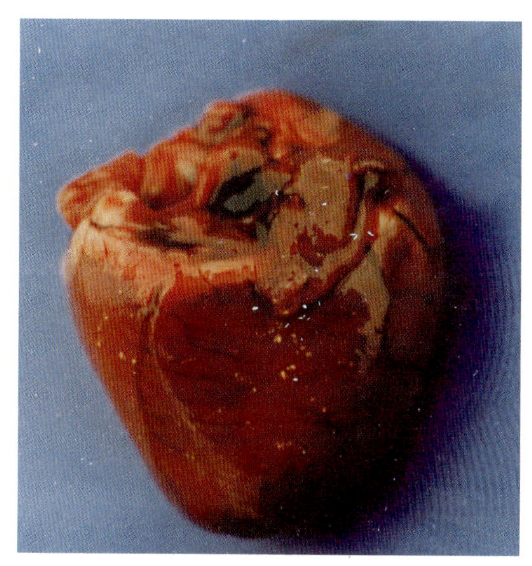

图 72　李氏杆菌病

心脏外膜见多发性坏死点。

（陈怀涛）

【诊断要点】①幼兔（常呈急性）与孕兔（多为亚急性与慢性）较多发；②急性病例呈一般败血性变化、鼻炎与结膜炎、肝灶状坏死；亚急性与慢性有子宫、脑和内脏的特征变化；③确诊需做李氏杆菌分离鉴定与动物接种试验。

【防治措施】做好灭鼠和消灭蚊虫工作。发现病兔，立即隔离治疗或淘汰，消毒兔笼和用具。对有病史的兔场或长期不孕的兔，可采血检验单核白细胞变化情况，以确定隐性感染的家兔。

治疗：①磺胺脒或磺胺嘧啶，每千克体重0.3克肌注，每日2次。②增效磺胺嘧啶，每千克体重25毫克肌注，每日2次。③四环素，每只200毫克口服，每日1次。④庆大霉素，每千克体重1～2毫克肌注，每日2次。⑤新霉素，每只2万～4万国际单位，混于饲料中喂给，每日3次。

【诊疗注意事项】本病的诊断要考虑全面，不能仅看到流鼻涕、神经症状或流产便诊断为本病，脑的病理组织检查、血液单核细胞检查和病原菌鉴定不能忽视。注意与巴氏杆菌病、沙门氏菌病等鉴别。本病能传染给人，注意个人防护。

野兔热

本病又称土拉热，是由土拉热弗朗西斯菌引起人畜共患的一种急性、热性、败血性传染病。本病的特征为体温升高和淋巴结、肝、脾等内脏器官的化脓坏死结节形成。

【病原】土拉热弗朗西斯菌呈多形性，为革兰氏阴性菌，美蓝染色两极着色良好。

【典型症状】急性型：不易看到临床症状，仅有个别病例于临死时表现精神萎靡，食欲不振，运动失调，2～3天内呈急性败血症而死亡。慢性型：发生鼻炎，鼻腔流出黏性或脓性分泌物，体温升高1～1.5℃，极度消瘦，最后衰竭而死。剖检见淋巴结、肝、脾、肾肿大与化脓坏死结节形成（图73至图76）。

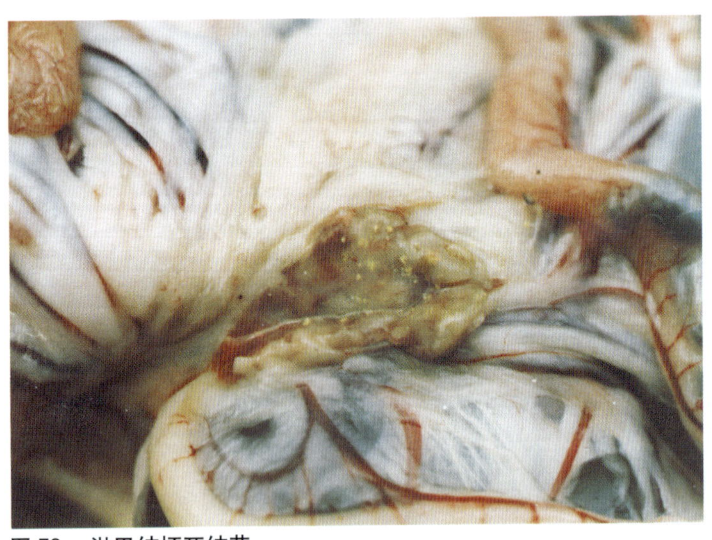

图73　淋巴结坏死结节

淋巴结充血、出血、肿大，切面见针头大的灰黄色坏死结节。

（陈怀涛）

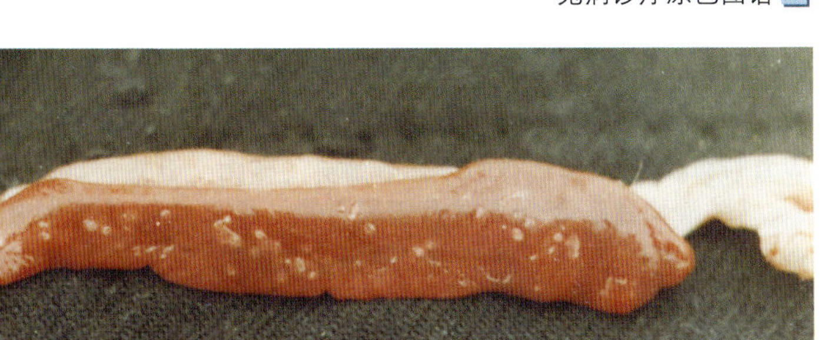

图 74　脾坏死结节

脾切面见粟粒大的灰黄色坏死结节。（陈怀涛）

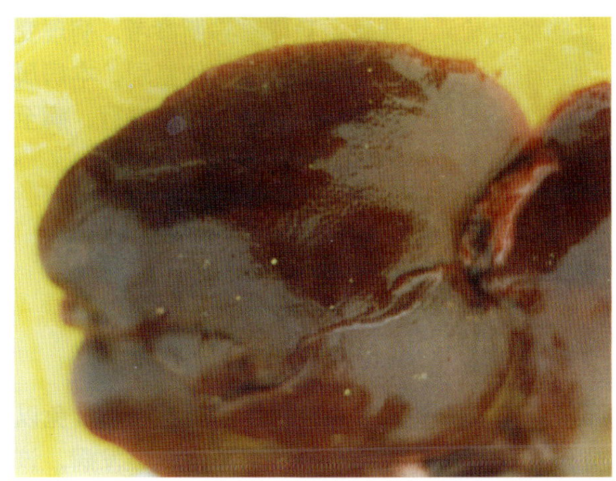

图 75　肝坏死结节

肝表面散在针头至粟粒大的坏死结节。（陈怀涛）

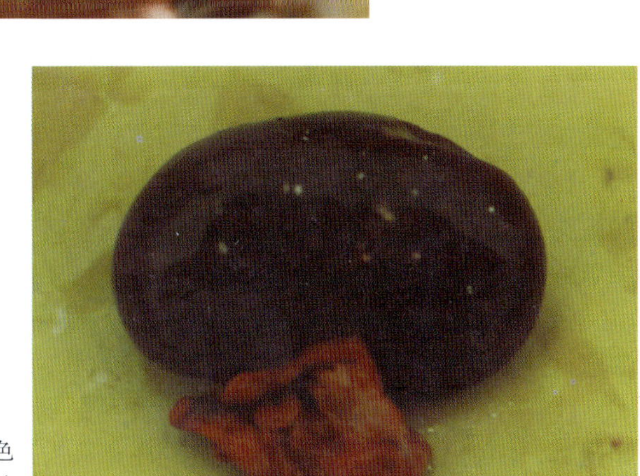

图 76　肾坏死结节

肾表面见粟粒大的灰黄色坏死结节。（陈怀涛）

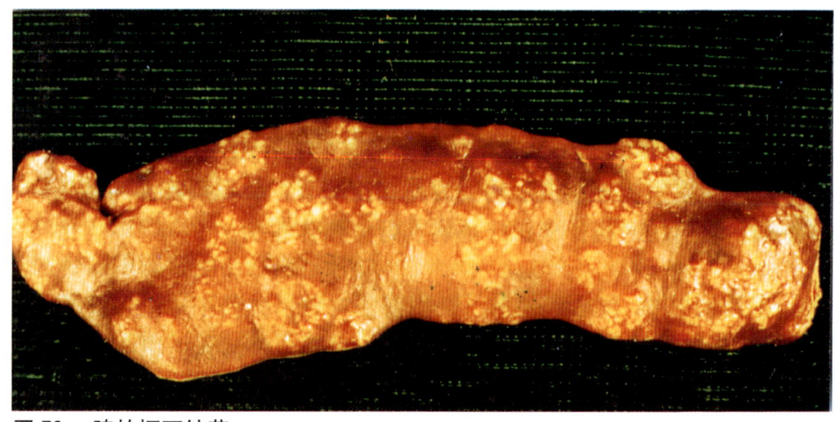

图 79　脾的坏死结节

脾高度增大，有密集的针头大至粟粒大的坏死结节。（冯泽光）

结 核 病

本病是由分枝杆菌引起的，以肺脏、淋巴结等器官形成结核结节及渐进性消瘦为特征的一种慢性传染病。

【病原】 为分枝杆菌，革兰氏染色阳性，一般染色方法较难着色，常用的方法为齐－尼氏（Ziehl-Neelsen）抗酸染色法，菌体呈红色。

【典型症状】 病初常无明显症状，随疾病发展，出现咳嗽、喘气、呼吸困难、消瘦等症状。患肠结核的病兔，常表现拉稀，有的病例四肢关节肿大或骨骼变形，甚至发生脊椎炎和后躯麻痹。剖检见淋巴结、肺等脏器有结核结节形成，结节常发生干酪样坏死（图80、图 81）。

【诊断要点】 ①主要发生于成年兔，表现慢性消瘦和程度不等的呼吸障碍；②淋巴结、肺等脏器有结核结节病变，组织学检查可见到上皮样细胞和巨细胞；③细菌学检查；④生前可试用结核菌素皮内试验。

【防治措施】 兔场、兔舍要远离牛舍、鸡舍和猪圈，减少病原传播的机会。定期检疫，及时淘汰病兔。禁用患结核病病牛、病羊的乳汁喂兔。患结核病的人不能当饲养员。

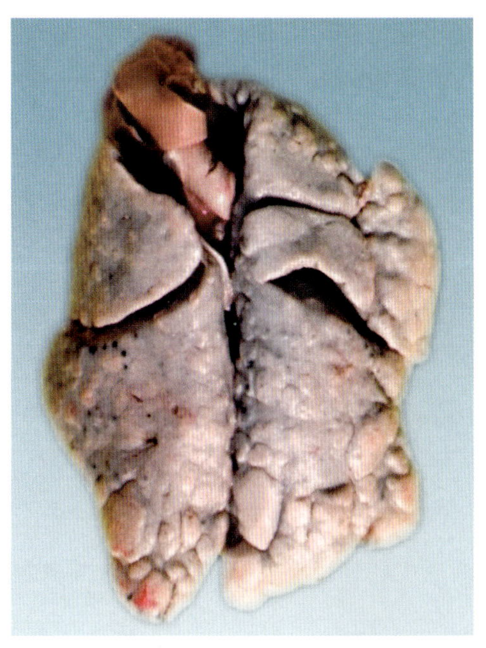

图 80　肺结核结节

肺表面散在大量大小不等的结核结节，大结节中心部已发生干酪样坏死。

（陈怀涛）

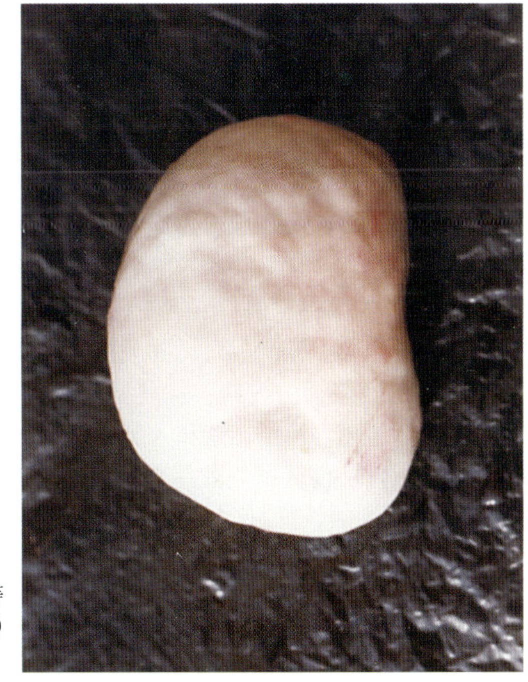

图 81　肾结核结节

肾表面高低不平，见大小不等的结核结节。（陈怀涛）

治疗：对种用价值高的病兔用异烟肼和链霉素联合治疗。每只兔每天口服异烟肼 1 ～ 2 克，肌肉注射对氨基水杨酸 4 ～ 6 克，间隔 1 ～ 2 天用药 1 次，链霉素每日每千克体重 30 毫克。

【诊疗注意事项】本病生前症状不特异，故常被忽视，死后虽见特征病变，但对结核结节的判定须有经验，通常以病理组织学诊断较准确。有干酪样坏死的病变时可进行病原菌检查。本病以预防为主，一般可不进行治疗。注意与内脏有结节病变的疾病（如伪结核病、李氏杆菌病、野兔热等）鉴别。

坏死杆菌病

本病是由坏死梭杆菌引起的以皮肤和口腔黏膜坏死为特征的散发性慢性传染病。

【病原】坏死梭杆菌，为多形性革兰氏阴性细菌，为球杆状、短杆状或长丝状。严格厌氧，本菌广泛存在于自然界，也是健康动物扁桃体和消化道黏膜的常在菌。

【典型症状】患兔不食，流涎，体重减轻，体温升高。唇部、口腔黏膜、齿龈、脚底部、四肢关节及颈部、头面部以至胸前等处的组织均可发生坏死性炎症 (图 82)，形成脓肿、溃疡。病灶溃烂后，病变组织散发出恶臭气味。最后衰竭死亡。

【诊断要点】根据患病部位组织的坏死及特殊臭味可做出初步诊断。确诊应依据坏死梭杆菌的特征进行鉴定。

【防治措施】清除饲草、笼内的锐利物，以防损伤兔体表面皮肤和黏膜。对已经破损的皮肤、黏膜要及时用 3% 双氧水或 1% 高锰酸钾溶液洗涤，但不可涂结晶紫和龙胆紫。

局部治疗：清除掉坏死组织，口腔先用 0.1% 高锰酸钾溶液冲洗，然后涂擦碘甘油，每日 2 ～ 3 次。其他部位可用 3% 双氧水或 5% 来苏儿冲洗，然后涂擦 5% 鱼石脂酒精或鱼石脂软膏。患部出现溃疡时，清理创面后涂擦土霉素或青霉素软膏。

全身治疗：可用磺胺二甲嘧啶，每千克体重 0.15 ～ 0.2 克肌注，每日 2 次，连用 3 天。

【诊疗注意事项】 本病较易诊断，治疗应采取局部与全身同时治疗，效果较好。注意与绿脓杆菌病、葡萄球菌病和传染性水疱性口炎鉴别。

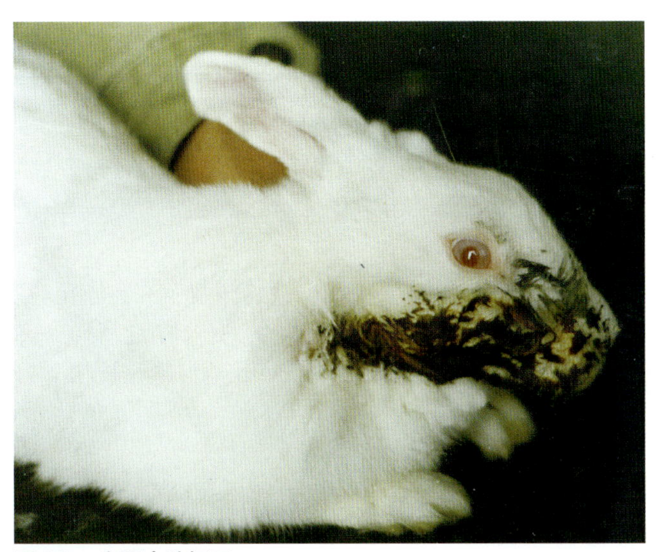

图 82　头颈皮肤坏死

口周围、下颌与颈部皮肤坏死。（陈怀涛）

绿脓杆菌病

本病是由绿脓假单胞菌引起人和动物共患的一种散发性传染病。

【病原】 绿脓假单孢菌为中等大小的革兰氏阴性菌，本菌对一般消毒药敏感，对磺胺药、青霉素等不敏感。

【典型症状】 患兔精神沉郁，食欲减退或废绝，呼吸困难，体温升高，下痢，拉出褐色稀便，一般在出现下痢 24 小时左右死亡。慢性病例有腹泻表现，有的出现皮肤脓肿，脓液呈淡绿色或灰褐色黏液状，有特殊气味（图 83、图 84）。也可见到化脓性中耳炎病变（图 85）。

【诊断要点】①急性为败血性，无特异症状和病变；慢性主要见皮下、内脏等部的脓肿或化脓性炎症以及腹泻和出血性肠炎（图 83 至图 85）。②确诊应做病原菌检查和动物接种试验。

【防治措施】加强日常饮水和饲料卫生，防止水源和饲料被污染。做好兔场防鼠灭鼠工作。有病史的兔群可用绿脓假单孢菌苗进行预防注射，每只 1 毫升，皮下注射，免疫期半年，每年 2 次。

治疗：①多黏菌素，每千克体重 1 万国际单位，分两次肌肉注射，连用 3 ~ 5 天。②新霉素，每千克体重 2 万 ~ 3 万国际单位，每日 2 次，连用 3 ~ 5 天。

【诊疗注意事项】注意与梭菌病、葡萄球菌病、泰泽氏病鉴别。由于本病易产生抗药性，药物治疗时，应先进行药敏试验，选择高敏药物进行治疗。

图 83　皮下脓肿

脓肿界限清楚，有包囊，脓液呈黄绿色。（陈怀涛）

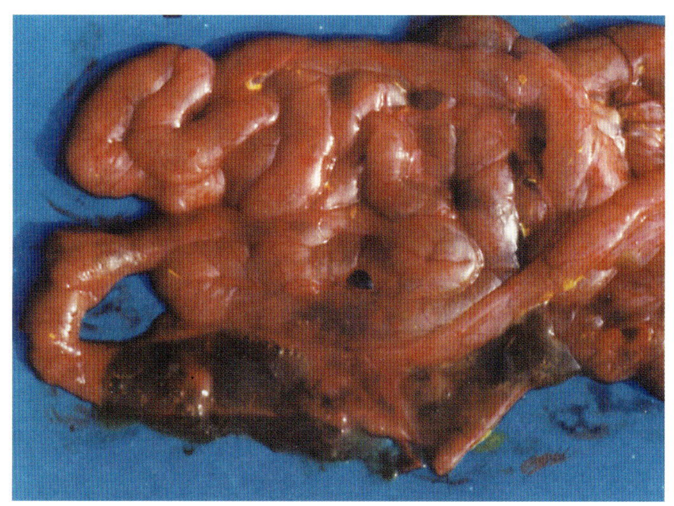

图 84　出血性肠炎

肠黏膜充血、出血，肠腔中有大量血样内容物。　（陈怀涛）

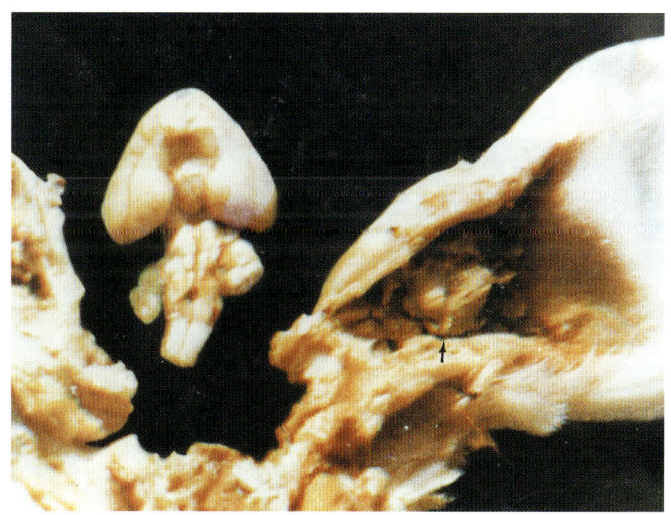

图 85　化脓性中耳炎

中耳和外耳道有脓性渗出物积聚（↑）。　（范国雄）

图 90　肝弥散性坏死灶

（范国雄）

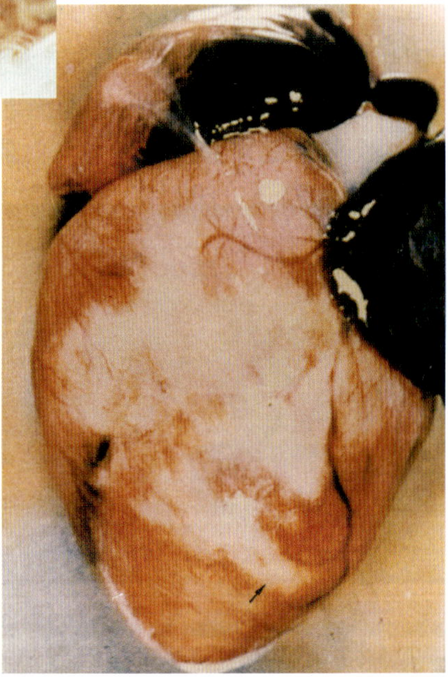

图 91　心肌坏死

心肌见大片灰白色坏死区。

（日本 · 武藤）

【防治措施】 加强饲养管理，注意清洁卫生，兔的排泄物要做发酵处理。消除各种应激因素，如过热、拥挤等。

治疗：患病早期用 0.006% ～ 0.01% 土霉素水供患兔饮用。也可用青霉素、链霉素联合肌注。治疗无效时，应及时淘汰。

【诊疗注意事项】 本病的诊断要依腹泻、肠炎、肝与心脏坏死等特征，病原菌检查可以确诊，由于本病有腹泻症状，故注意与沙门氏菌病、大肠杆菌病及梭菌病鉴别。注意土霉素的休药期。

链球菌病

本病是由溶血性链球菌引起的一种急性败血性传染病，主要危害幼兔，春秋季多发。

【病原】为C群 β 型溶血性链球菌，革兰氏染色阳性，圆形或卵圆形，在病料中成对或组成长短不等的链状（图92）。

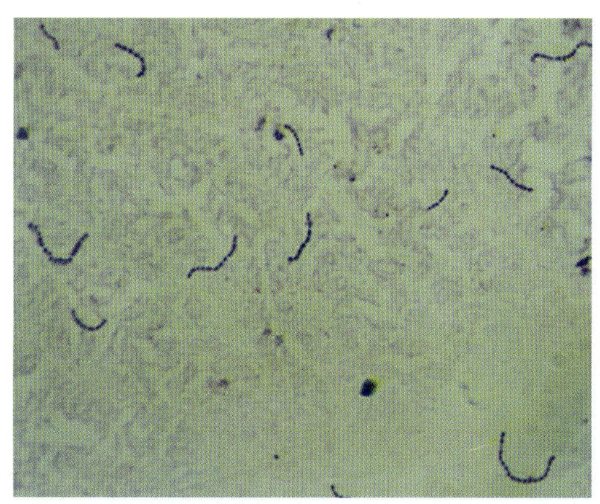

图 92　链球菌的形态　Gram×1000　（陈怀涛）

图 93　下痢

仔兔精神沉郁，下痢。　（陈怀涛）

【典型症状】体温升高，不吃，精神沉郁，呼吸困难，间歇性下痢（图 93）。或死于脓毒败血症。剖检见皮下组织浆液出血性炎症、卡他出血性肠炎、脾肿大等败血性病变（图 94、图 95）。

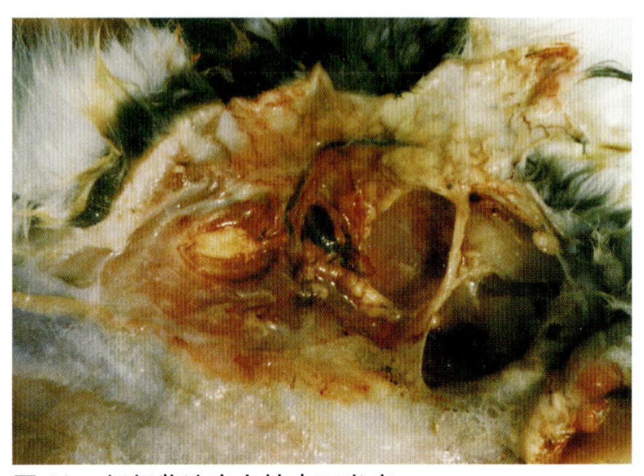

图 94　组织浆液出血性皮下炎症

皮下充血、出血与水肿。（陈怀涛）

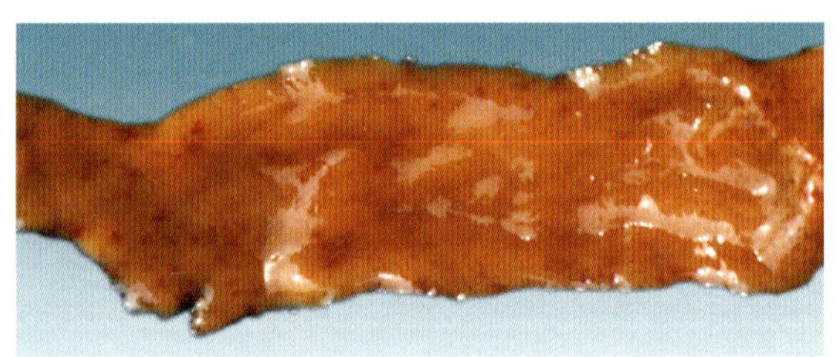

图 95　出血性肠炎

肠黏膜充血、出血、水肿。（陈怀涛）

【诊断要点】根据症状流行特点和病变可怀疑本病，确诊须进行病原菌分离鉴定。

【防治措施】防止兔感冒，减少诱病因素。发现病兔立即隔离，并进行药物治疗。

治疗：①青霉素，每只 5 万～ 10 万国际单位肌注，每日 2 次，连用 3 天。②红霉素，每只 50 ～ 100 毫克肌注，每日 2 ～ 3 次，连用 3 天。③磺胺嘧啶钠，每千克体重 0.2 ～ 0.3 克内服或肌注，每日 2 次，连用 4 天。

【诊疗注意事项】本病表现一般症状和病变，诊断时要综合考虑。由于有下痢和肠炎变化，故应注意与沙门氏菌病、泰泽氏病等作鉴别。

兔密螺旋体病（兔梅毒）

本病是由兔梅毒密螺旋体引起成年兔的一种性传播的慢性传染病。

【病原】兔梅毒密螺旋体呈革兰氏染色阴性的细长螺旋形微生物，姬姆萨染色呈玫瑰红色。本病原微生物只感染兔，其他动物不受感染。

【典型症状】潜伏期为 2 ～ 10 周。病兔精神、食欲、体温均正常，主要病变为母兔阴唇、肛门皮肤和黏膜发生炎症、结节和溃疡。公兔阴囊水肿，皮肤呈糠麸样。阴茎水肿，龟头肿大；睾丸也会发生病变（图 96 至图 98）。通过搔抓病部分泌物中的病原体带至其他部位，如鼻、唇、眼睑、面部、耳等处。慢性者导致患部呈干燥鳞片状病变，被毛脱落。腹股沟与腘淋巴结肿大。母兔病后失去配种能力，受胎率下降。

【诊断要点】成年兔多发，放养兔较笼养兔易发。发病率高，但几乎无死亡。根据外生殖器的典型病变可做初步诊断，确诊应依病原体的检出。

图 96　龟头炎

龟头与包皮红肿。（陈怀涛）

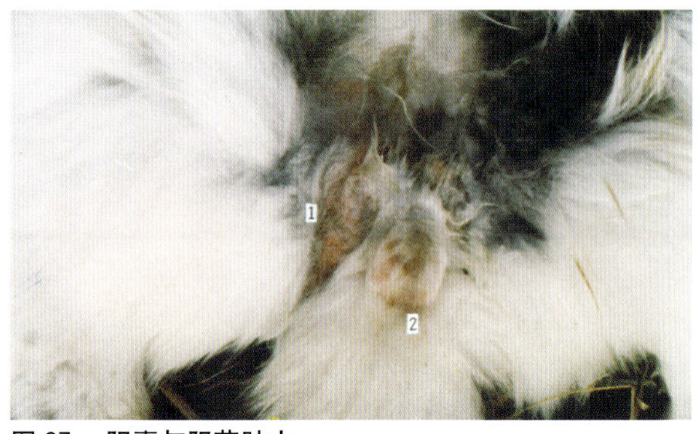

图 97　阴囊与阴茎肿大

阴囊①与阴茎②肿胀，其皮肤上有结节、坏死病变。（陈怀涛）

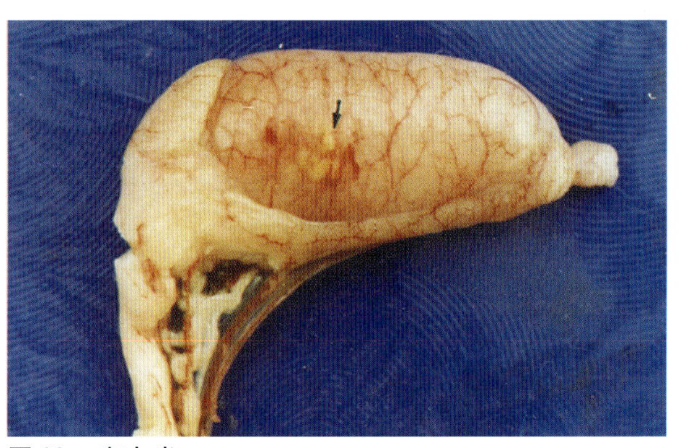

图 98　睾丸炎

睾丸肿大、充血、出血，并有黄色坏死灶。（陈怀涛）

【防治措施】 定期检查公母兔外生殖器，对患兔或可疑兔停止配种，隔离治疗。重病者淘汰，并用 1% ~ 2% 烧碱对笼具进行消毒。引进的种兔，隔离饲养 1 个月，确认无病后方可入群。

治疗：新胂凡纳明（九一四），每千克体重 40 ~ 60 毫克，用生理盐水配成 5% 溶液，耳静脉注射。一次不能治愈者，间隔 1 ~ 2 周重复 1 次。配合青霉素治疗，效果更佳。青霉素每日 50 万国际单位，分 2 次肌肉注射，连用 5 天，局部可用 2% 硼酸溶液、0.1% 高锰酸钾溶液冲洗后，涂擦碘甘油或青霉素软膏。治疗期间停止配种。

【诊疗注意事项】 注意与外生殖器官一般炎症、疥螨病鉴别。用新胂凡纳明进行静脉注射时，切勿漏出血管外，以防引起坏死。

兔病毒性出血症（兔瘟、出血症）

兔病毒性出血症俗称兔瘟、兔出血症，是由兔病毒性出血症病毒引起的家兔的一种急性、高度接触性传染病，是危害养兔生产的主要疾病之一。

【病原】 兔病毒性出血症病毒，是一种新发现的病毒，具有独特的形态结构。

【典型症状】 最急性病例突然死亡。急性病例体温升到 41℃以上，精神萎靡，不喜动，食欲减退，饮水增多，病程 12 ～ 48 小时，死前表现呼吸急促，兴奋，挣扎，狂奔，啃咬兔笼，全身颤抖，体温突然下降。有的尖叫几声后死亡。有的鼻孔流出泡沫状血液（图 99、图 100），肛门松弛，周围被少量淡黄色胶样物沾污，粪球沾有淡黄色胶样物。慢性的可耐过、康复。剖检见气管与肺充血、出血，心外膜、胃肠浆膜、肾、胸腺、淋巴结等组织器官均明显出血，实质器官变性，脾淤血肿大等（图 101 至图 111）。

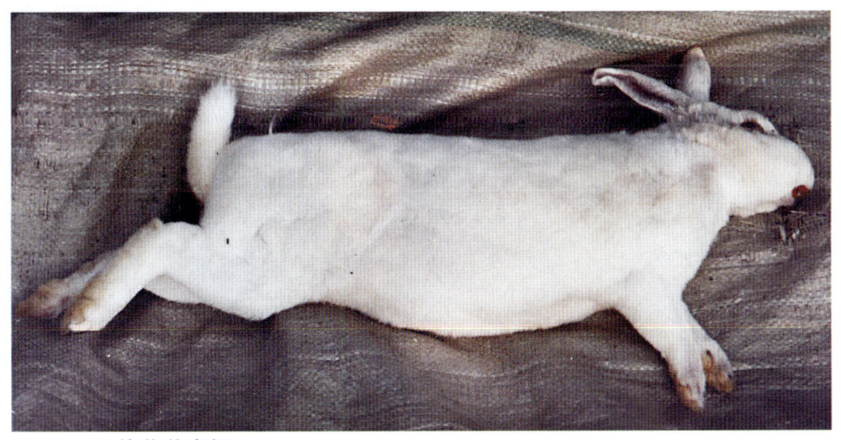

图 99　尸体营养尚好

尸体不显消瘦、四肢僵直，鼻孔流出鲜红色血液。（任克良）

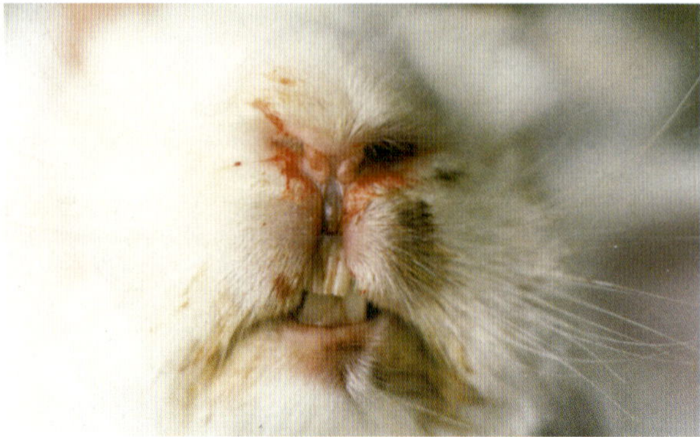

图 100　鼻孔出血

（陈怀涛）

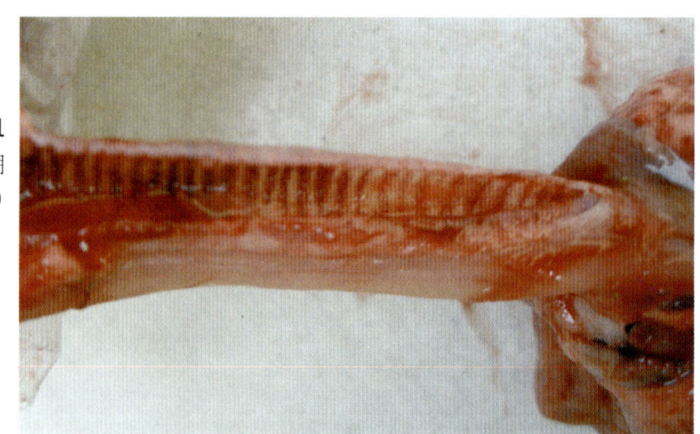

图 101　气管出血

气管黏膜出血、潮红。　（任克良）

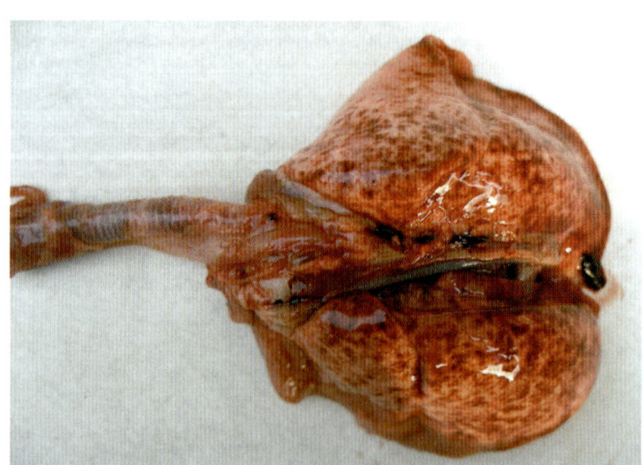

图 102　肺出血

肺脏有大小不等的出血斑点。　（任克良）

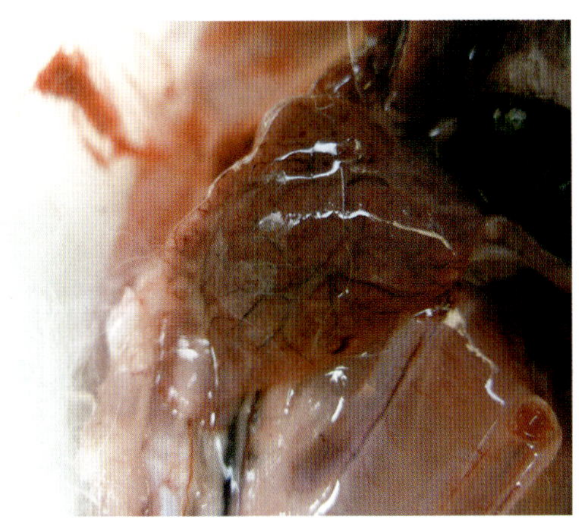

图 103　胸腺出血

胸腺水肿，有细小出血点。

（任克良）

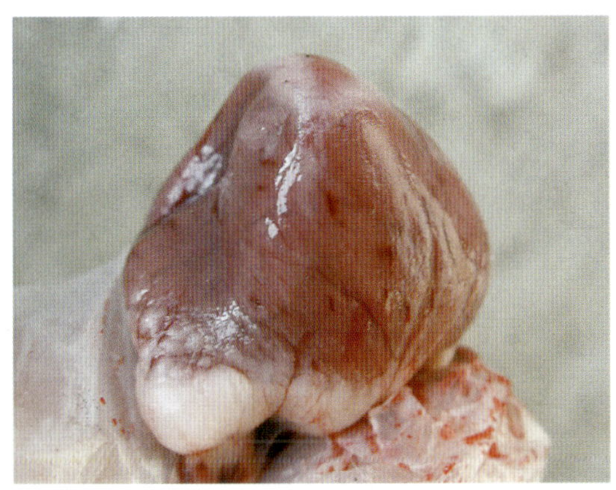

图 104　心外膜出血

（任克良）

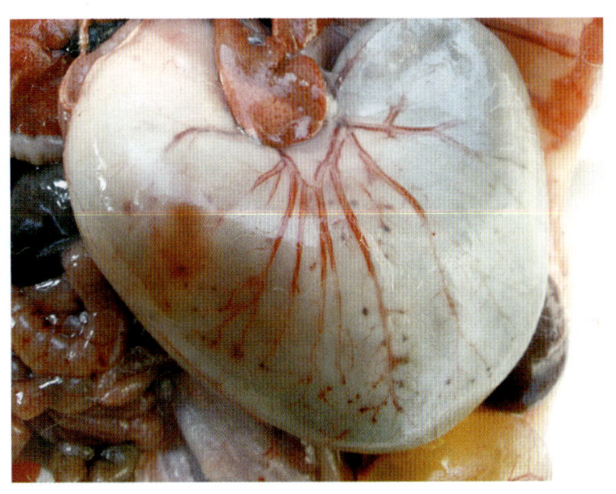

图 105　胃浆膜出血

胃浆膜散在大量出血点。

（任克良）

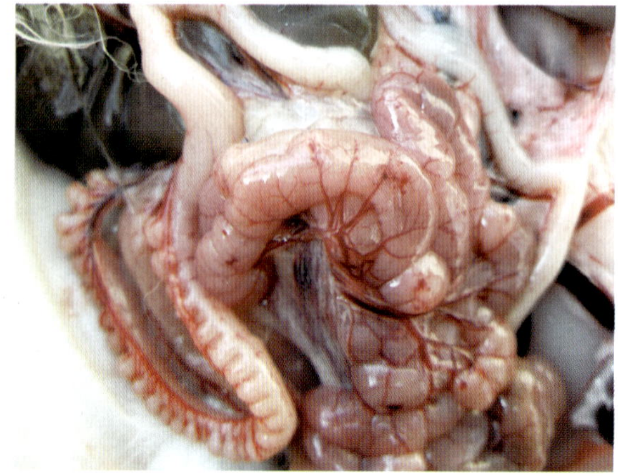

图 106　小肠浆膜出血

（任克良）

图 107　盲肠浆膜出血

（任克良）

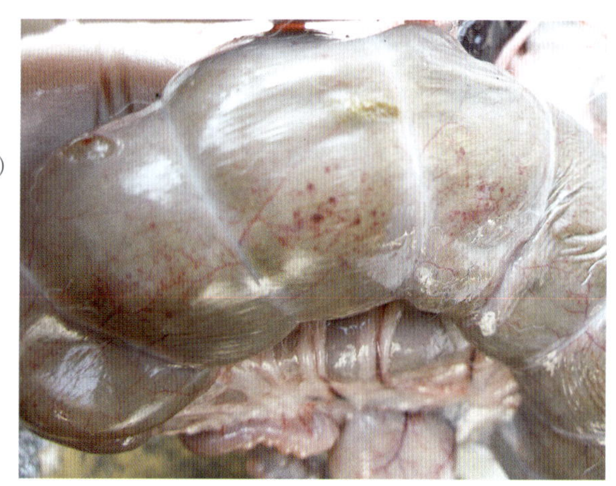

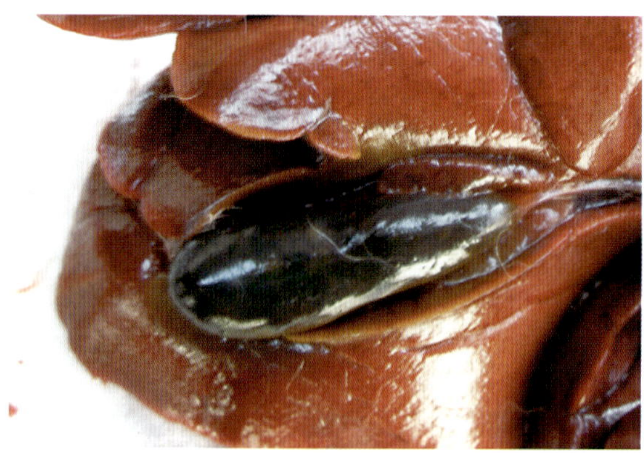

图 108　胆囊胀大

胆囊胀大，充满胆汁，肝脏变性、色黄。

（任克良）

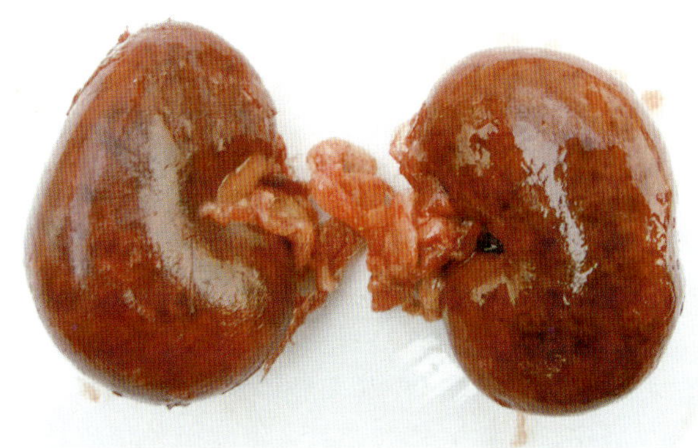

图 109　肾出血

肾肿大，密布出血斑点。

（任克良）

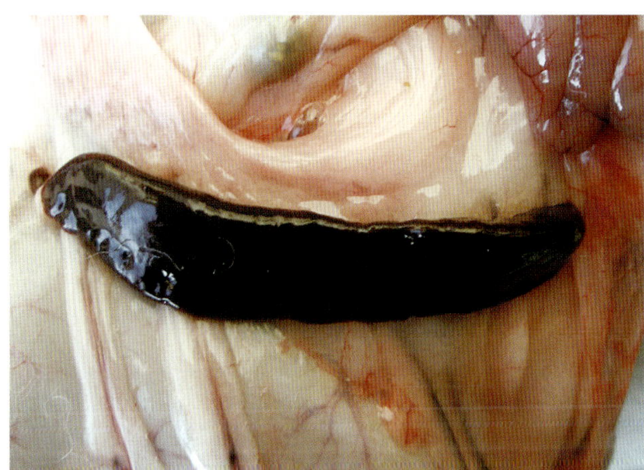

图 110　脾淤血

脾淤血肿大，呈黑紫色。（任克良）

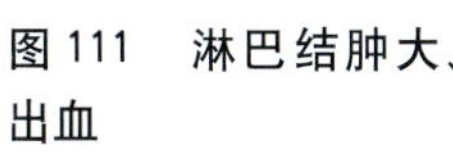

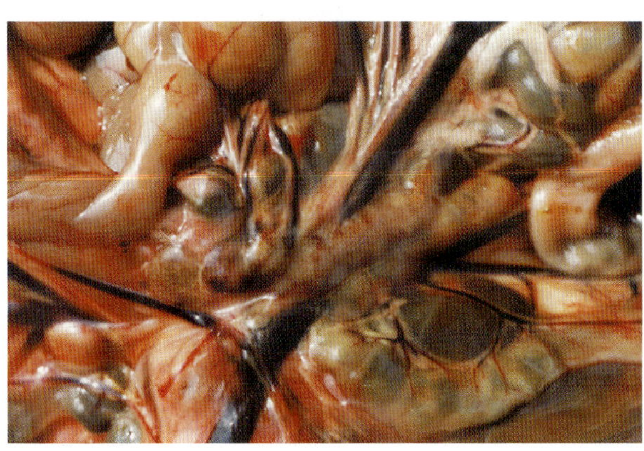

图 111　淋巴结肿大、出血

肠系膜淋巴结肿大、出血。（陈怀涛）

【诊断要点】①青年兔与成年兔的发病率、死亡率高。月龄越小发病越少，仔兔一般不感染。一年四季均可发生，多流行于冬春季；②主要呈全身败血性变化，以多发性出血最明显；③确诊需做病毒检查鉴定以及血凝和血凝抑制试验。

【防治措施】①定期注射兔瘟疫苗。30 ～ 35 日龄用兔瘟单联苗，每只皮下注射 2 毫升。60 ～ 65 日龄时再次注射 1 毫升。以后每隔 5.5 ～ 6 个月注射 1 次。②禁止从疫区购兔。③严禁收购肉兔、兔毛、兔皮等商贩进入生产区。④病死兔要深埋或焚烧，不得乱扔。使用的一切用具、排泄物均需 1% 氢氧化钠消毒。

治疗：本病无特效药物。可使用抗兔瘟高免血清。一般在发病后尚未出现高热症状时使用。若无高免血清，应对未表现临床症状兔进行兔瘟疫苗紧急接种，剂量加倍，一兔用一针头。

【诊疗注意事项】注意与急性巴氏杆菌病鉴别，但本病发病率与死亡率高。目前兔瘟流行趋于低龄化。首次免疫必须用兔瘟单联苗。发生本病用疫苗进行紧急预防接种后，短期内兔群死亡率可能有升高的情况。

兔传染性水疱性口炎

本病俗称流涎病，是由兔水疱性口炎病毒引起的一种急性传染病。其特征是口腔黏膜形成水疱和伴有大量流涎。具有较高的发病率和死亡率（达 50%）。

【病原】为水疱性口炎病毒，属弹状病毒科水泡病毒属。该病毒存在于病兔的水疱液、水疱皮及局部淋巴结中。

【典型症状】口腔黏膜发生水疱性炎症，并伴随大量流涎。病初口腔黏膜潮红、充血，随后出现粟粒至扁豆大结节的水疱。水疱破溃后形成溃疡。流涎使颌下、胸前和前肢被毛粘成一片，发生炎症、脱毛（图 112 至图 114）。如继发细菌性感染，常引起唇、舌、口腔黏膜坏死，发出恶臭。患兔食欲下降或废绝，精神沉郁，消化不良，常发生腹泻，日渐消瘦，虚弱。幼兔死亡率高，青、成年兔较低。

图 112　流涎

流涎，沾湿下颌、嘴角和颜面部被毛。　（任克良）

图 113　口黏膜结节与水疱

齿龈和唇黏膜充血，有结节和水疱形成。　（陈怀涛）

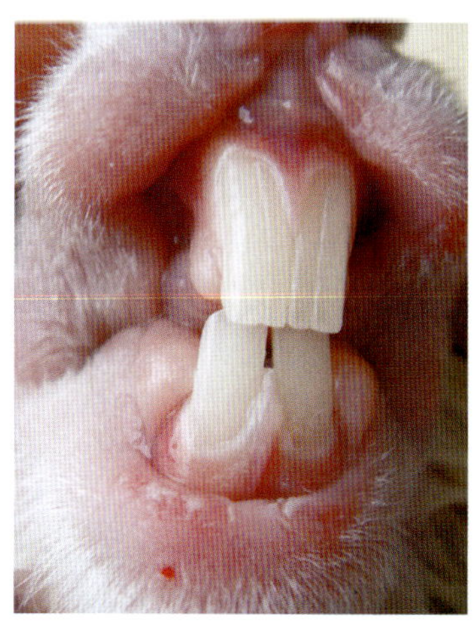

图 114　溃疡

下唇和齿龈黏膜有不规则的溃疡。　（任克良）

【诊断要点】根据流行病学资料、症状和病变可做出诊断；必要时作病毒鉴定。

【防治措施】经常检查饲料质量，严禁用粗糙、带芒刺饲草饲喂幼兔。发现流口水兔，及时隔离治疗，并对兔笼、用具等用2%氢氧化钠溶液消毒。

治疗：①可试用青霉素粉剂涂于口腔内，剂量以火柴头大小为宜，一般一次可治愈。但剂量大时易引起兔死亡。②先用防腐消毒液（如1%盐水）冲洗口腔，然后涂擦碘甘油、明矾与少量白糖的混合剂，每日2次。全身治疗可内服磺胺二甲嘧啶，每千克体重0.2～0.5克，每日1次。③对可疑病兔喂服磺胺二甲嘧啶，剂量减半。

【诊疗注意事项】本病的诊断比较容易，但注意与坏死杆菌病、兔痘鉴别。治疗最好局部与全身兼治，疗效较好。

兔　痘

本病是由兔痘病毒引起的一种致死率很高的接触性传染病，其特征是皮肤、口鼻黏膜及腹膜、内脏器官的痘疹形成。

【病原】兔痘病毒。病毒存在于病兔的全身组织器官，以肾上腺和肾脏含量最高。病兔的分泌物和排泄物中含有大量病毒。

【典型症状】潜伏期，新疫区2～9天，老疫区2周。

痘疱型：体温升高，不食，流鼻液，淋巴结（特别是腘淋巴结和腹股沟淋巴结）、扁桃体肿大。皮肤出现痘疹病变，表现为红斑、丘疹、坏死和出血（图115）。有的发生外生殖器炎、支气管肺炎、流产和神经症状。感染后1～2周死亡。剖检见皮肤、口鼻黏膜及腹膜、内脏器官的痘疹病变。

非痘疱型：多无典型痘疹变化，但常见胸膜炎、肝坏死灶、脾肿大、睾丸水肿与出血以及肺和肾上腺的灰白色小结节。

【诊断要点】根据流行特点、症状、皮肤与黏膜的痘疹病变，结合肺、肝、脾、胆囊黏膜、淋巴结、腹膜和网膜的痘疹结节病变可做出诊断。

必要时进行病毒鉴定。

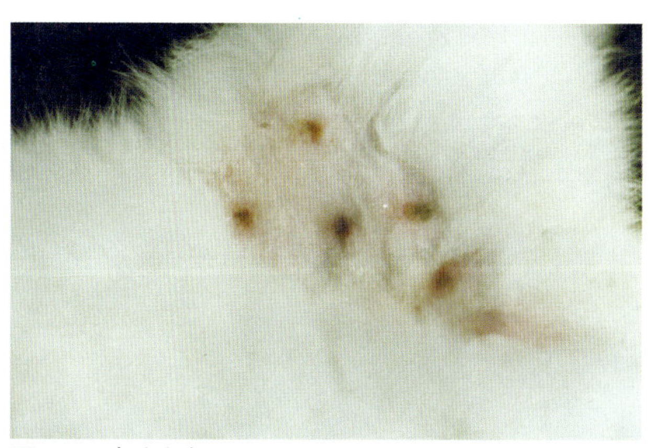

图 115　皮肤痘疹

皮肤痘疹，已干燥坏死结痂。（陈怀涛）

【防治措施】 加强日常卫生防疫工作，避免引入传染源。兔受到本病威胁时，可用牛痘疫苗作紧急预防接种。本病目前尚无有效防治措施。

【诊疗注意事项】 口腔病变应注意与传染性水疱口炎鉴别。

兔乳头状瘤病

本病是由病毒引起的一种肿瘤性疾病，其特征是局部皮肤呈乳头状生长。

【病原】 乳头瘤病毒属的乳头瘤病毒。

【典型症状】 具有传染性，兔群中如有一只患病，则乳头状瘤可长期存在，并能发生恶性变化，引起死亡。在皮肤（头、颈、乳腺、腹、背、四肢、肛门等部）或口腔黏膜（主要在舌腹面）形成肿瘤。肿瘤位于皮肤时，呈黑色或暗灰色，表面有厚层角质（图 116）。口腔瘤多位于舌腹面，色灰白，呈结节状，表面光滑，较大时形似花椰菜。

【诊断要点】 根据肿瘤发生部位、病理特征（皮肤或口腔黏膜的乳头状瘤形成）和传染性可做出初步诊断，确诊应依据病毒分离与鉴定。

【防治措施】 控制传染源，消灭昆虫等媒介，严格执行兽医卫生防疫制度。

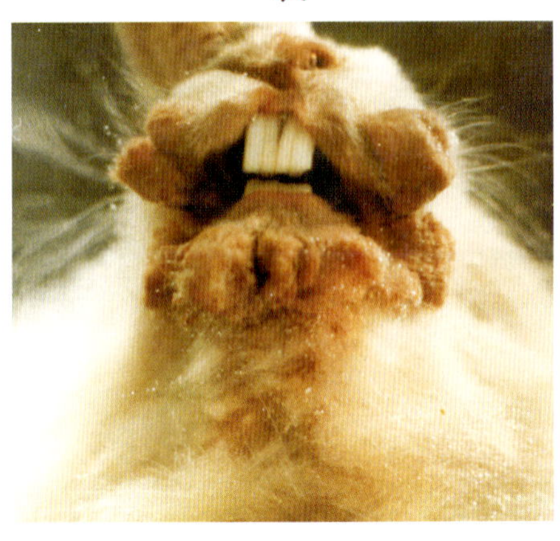

图 116　乳头状瘤病

口周皮肤有多发性乳头状瘤生长，有的表面出血、发炎

（甘肃农业大学兽医病理室）

兔黏液瘤病

本病是由黏液瘤病毒引起的一种高度接触性、致死性传染病。

【病原】病原体是黏液瘤病毒。

【典型症状】最急性型，出现眼睑水肿后1周内死亡。急性型，感染后6～7天出现全身性肿瘤，眼睑水肿，黏液脓性结膜炎（图117），8～15天死亡。慢性型，轻度水肿及少量鼻漏和眼垢，还有界限明显的结节，表现症状较轻，死亡率低。本病最突出的病变是皮肤肿瘤和皮下显著水肿，尤其是颜面部和天然孔周围的水肿（图118）。

图 117　兔黏液瘤病

眼睑水肿，鼻孔肿胀，鼻塞，呼吸困难。

（西班牙 HIPRA，S.A 实验室）

图 118　兔黏液瘤病

兔耳肿胀，耳部和头部皮肤有不少黏液瘤结节，同时尚有继发性结膜炎。

（J.M.V.M.Mouwen 等，《兽医病理彩色图谱》）

【诊断要点】 根据皮肤黏液瘤病变可做初步诊断，如欲确诊应分离黏液瘤病毒。

【防治措施】 ①加强检疫，严禁从有本病的国家进口兔和未经消毒的兔产品，以防本病传入。一旦发生本病，立即扑杀处理，及时上报，并彻底消毒。②严防野兔进入饲养场。③做好兔场清洁卫生工作，防止吸血昆虫叮咬家兔。④用黏液瘤病毒灭活菌进行预防注射。

【诊疗注意事项】 我国目前尚未发现本病的发生，为此从国外引种时要严格检疫，防止本病传入我国。

毛癣菌病（皮肤真菌病）

本病是由致病性皮肤癣真菌引起的以皮肤局部脱毛、形成痂皮甚至溃疡为特征的传染病。该病是养兔场严重的传染病之一。

【病原】 须发癣菌是引起毛癣菌病最常见的病原体，石膏样小孢霉霉等也可引起。

【典型症状】病初多发生在头部（如嘴周围、鼻部、面部、眼周围）、耳朵、及颈部等皮肤，继而感染肢端、腹下和其他部位（图119至图122）。患部皮肤呈不规则的块状或圆形、椭圆形脱毛或断毛，覆盖一层灰白色糠麸状痂皮（图123），并发生炎性变化，最后形成溃疡。患兔剧痒，骚动不安，采食下降。逐渐消瘦，或继发感染使病情恶化而死亡。

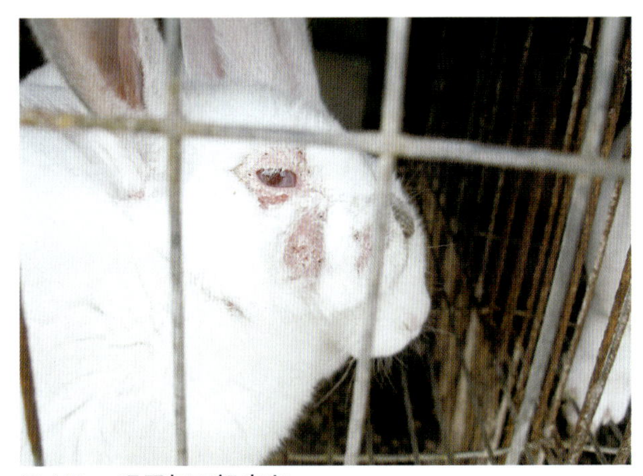

图119 眼周与面部病变

颜面部、眼周围脱毛、充血、起痂。（任克良）

图120 口与眼周病变

嘴与鼻周、眼周脱毛、充血、起痂。（任克良）

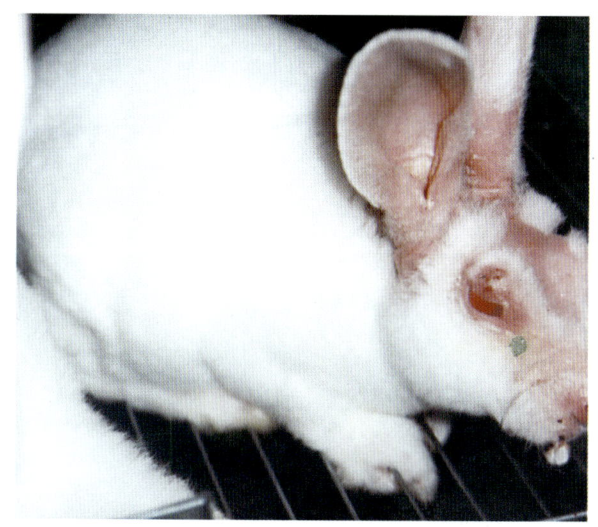

图121　耳部与面部病变

颜面部、眼周围、耳部脱毛，有痂皮。（任克良）

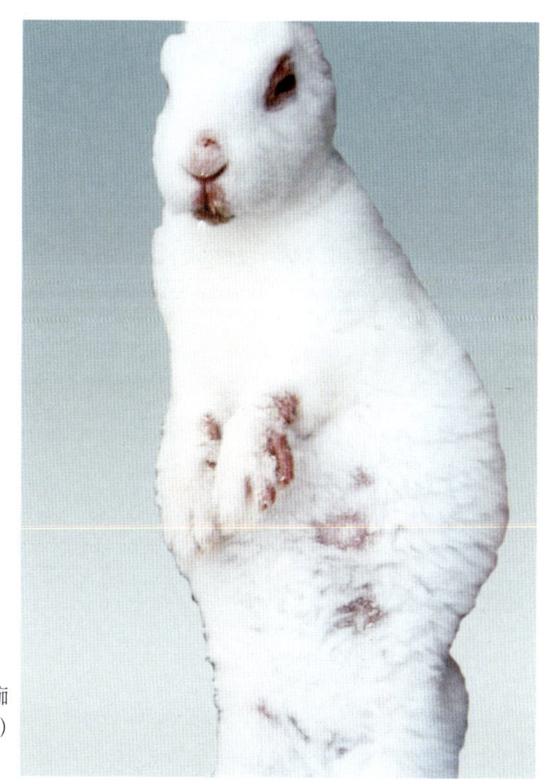

图 122　腹部与肢部病变

肢部及腹部脱毛、充血，有痂皮。（任克良）

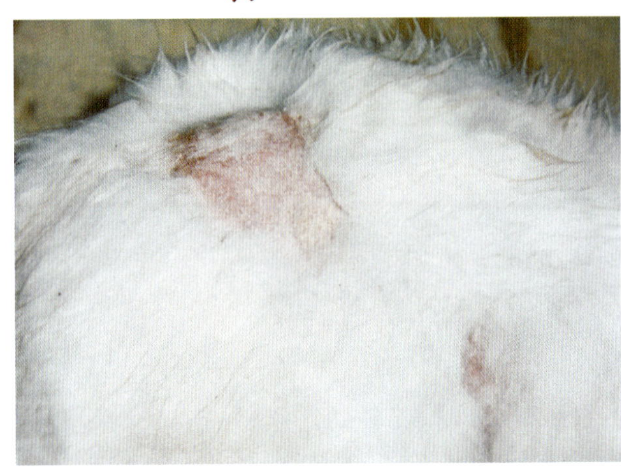

图 123　背部与腹侧病变

背部与腹侧有片状脱毛区，皮肤上覆盖一层白色糠麸样痂皮。

（任克良）

【诊断要点】 ①有从感染本病兔群引种史。②仔、幼兔易发，成年兔虽无临床症状但多为带菌者。③特征性皮肤病变。④刮取病部皮屑检查，发现真菌孢子和菌丝体即可确诊。

【防治措施】 引种要慎重，对引种场的兔尤其是青、成年兔要严格调查，确信无本病时方可引种。一旦发现兔群有患兔可疑，立即隔离治疗，最好作淘汰处理，并对所在环境进行全面彻底消毒。

由于本病传染快，治疗效果虽然较好但易复发，故建议以淘汰为主。局部治疗先用肥皂或消毒药水涂擦，以软化痂皮，将痂皮去掉，然后涂擦 2% 咪康唑软膏或益康唑霉菌软膏等，每日涂 2 次，连涂数日。全身治疗：口服灰黄霉素，按每千克体重 25 ～ 60 毫克，每日 1 次，连服 15 天，停药 15 天再用 15 天。

【诊疗注意事项】 本病可传染给人，尤其是小孩、妇女，因此应注意个人防护工作。注意与螨病鉴别。

曲霉菌病

本病主要是由烟曲霉引起家兔的一种深部霉菌病。其特征是呼吸器官（尤其是肺和支气管）发生霉菌性炎症，以仔兔最为常见。

【病原】主要为烟曲霉，有时为黑曲霉。霉菌及其孢子中的毒素是致病的主要原因。霉菌和产生的孢子广泛存在于稻草、谷物、木屑、发霉的饲料及地面、用具和空气中。

【典型症状】急性病例很少见。慢性病例逐渐消瘦，呼吸困难，且日益加重，症状明显后几星期内死亡。剖检见肺的病变（图 124）。

【诊断要点】多见于仔兔，常成窝发生。临床虽可表现程度不等的消瘦和呼吸困难，但生前难以诊断。剖检时，在肺部可见粟粒大的圆形结节，其中为干酪样物，周围有红晕；或在肺中形成边缘不整齐的片状坏死区。确诊需做组织切片，并取材检查曲霉菌。

【防治措施】本病应以预防为主。放入产箱内的垫料应清洁、干燥，不含霉菌孢子；不喂发霉饲料；兔舍内保持干燥、通风。

本病目前尚无有效的治疗方法。可试用二性霉素 B 或克霉唑。

【诊疗注意事项】本病症状不特异，故生前诊断须慎重。死后可用病理组织学诊断或病原菌检查。

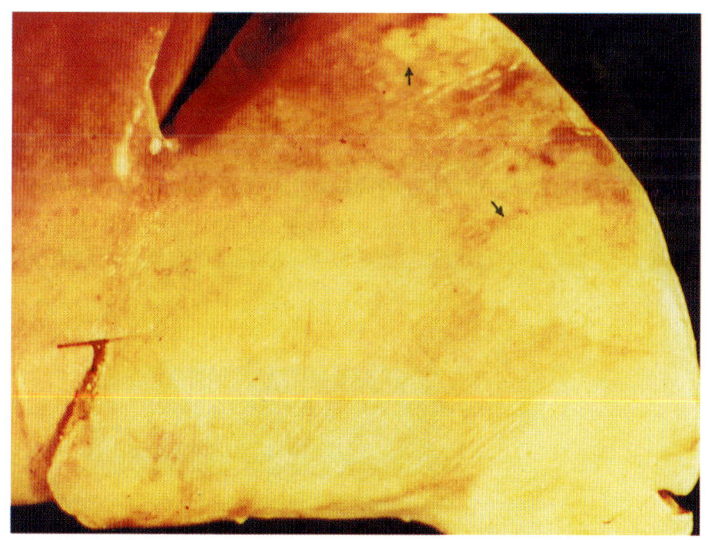

图 124　肺坏死病变

肺表面见大小不等的灰黄色病变区，其边缘不整齐，附近肺组织充血色红。

（余锐萍）

球虫病

本病主要是由艾美尔属的多种球虫引起兔的一种为害极其严重的体内寄生虫病，其临床特征是腹泻、消瘦、贫血。

【病原】 侵害家兔的球虫约有10多种。寄生于肝或肠。随粪便排出的球虫称为卵囊，呈卵圆形或椭圆形（图125），在外界适宜的条件下发育成熟而具有侵袭性。

【典型症状】 精神不振，食欲减退或废绝，喜卧，贫血，消瘦，腹胀，眼、鼻分泌物及唾液增多，眼结膜苍白，腹泻。尿频或常呈排尿姿势。肝区压痛。后期可见痉挛或麻痹、头后仰、抽搐等神经症状，终因衰竭而死亡。剖检时，肝型见肝肿大，表面有粟粒至豌豆大的圆形白色或淡黄色结节病灶（图126），切面胆管壁增厚，管腔内有浓稠的液体或有坚硬的矿物质。胆囊肿大，胆汁浓稠、色暗。腹腔积液。肠型见小肠、盲肠黏膜发炎、充血甚至出血，内容物含有大量卵囊。慢性病例肠黏膜呈淡灰色，可见小的灰白色结节（内含卵囊），尤其是小肠、盲肠蚓突部（图127、图128）。

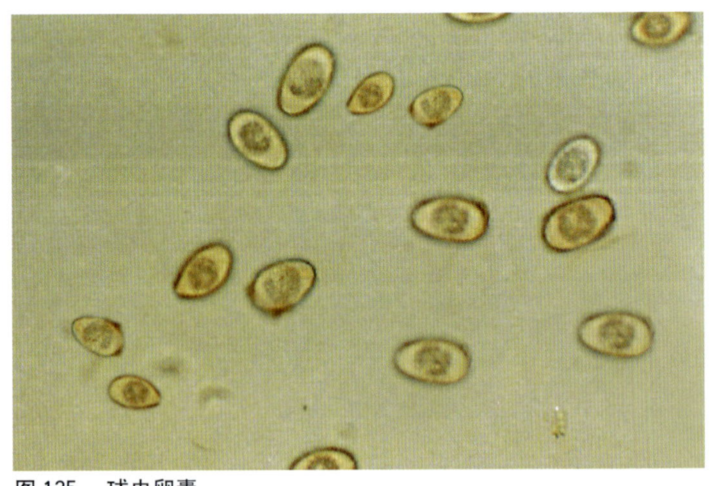

图125　球虫卵囊

呈卵圆形或椭圆形。（任克良）

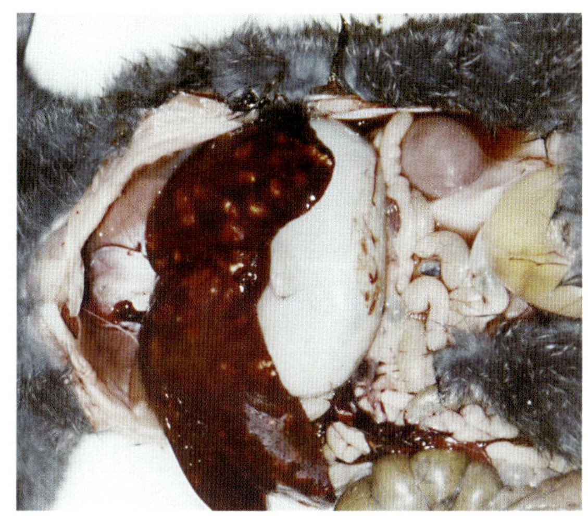

图 126　肝结节状病变

由于肝内胆管壁增厚，使肝表面呈黄白色结节状。

（任克良）

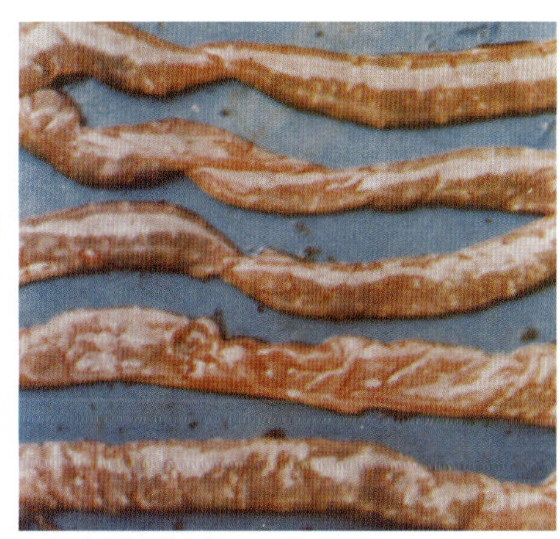

图 127　肠结节状病变

小肠壁散在大量灰白色球虫结节。

（范国雄）

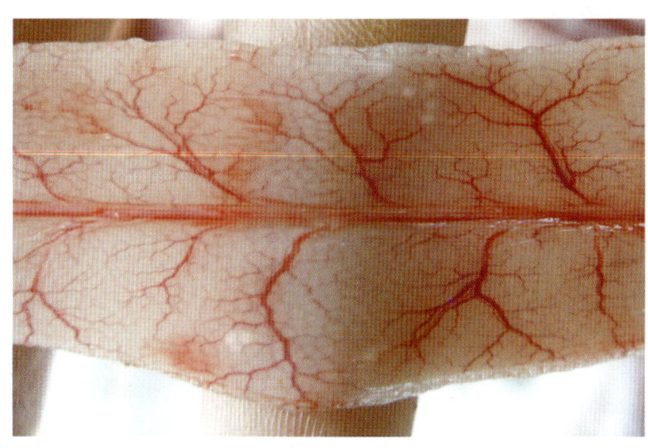

图 128　盲肠结节状病变

盲肠壁有少量白色结节。

（任克良）

【诊断要点】①温暖潮湿环境易发；②断奶至3月龄幼兔易感，死亡率高；③主要表现腹泻、消瘦、贫血等症状；④肝、肠特征病变；⑤检查粪便卵囊，或用肠黏膜、肝结节内容物及胆汁作涂片，检查卵囊、裂殖体与裂殖子等。

【防治措施】①实行笼养，大小兔分笼饲养，定期消毒，保持室内通风干燥。②兔粪尿要堆积发酵，杀灭粪中卵囊。病死兔要深埋或焚烧。兔青饲料地严禁用兔粪作肥料。③定期对成年兔进行药物预防。④17～90日龄兔的饲料或饮水中添加抗球虫药物。氯苯胍，按0.015%混饲；莫能菌素，按0.003%混饲；甲基三嗪酮，按0.0015%饮水，连喂21天。地克珠利，饲料和饮水中按0.0001%添加。

发生本病可按以上药物加倍剂量用药，其中甲基三嗪酮治疗剂量为0.0025%饮水，连喂2天，间隔5天，再喂2天。

【诊疗注意事项】注意球虫引起的肝结节与囊尾蚴、肝毛细线虫等引起的肝病变鉴别。预防用药要经常轮换使用或交替使用，以防产生抗药性。

弓形虫病

本病是由龚地弓形虫引起的人畜共患的原虫病，呈世界性分布。

【病原】龚地弓形虫，寄生于细胞内，按其发育阶段有5种形态：滋养体、包囊、裂殖体、配子体和卵囊。滋养体和包囊位于中间宿主（人、家畜、鼠等）体内，其他形态只存在于终末宿主（猫）体内。家兔食入被含有弓形虫卵囊的猫粪污染的饲料而感染。

【典型症状】急性主要见于仔兔，表现突然不吃，体温升高，呼吸加快，眼、鼻有浆液性或黏脓性分泌物(图129)，嗜睡，后期有惊厥、后肢麻痹等症状，约在发病后2～9天死亡。慢性多见于老龄兔，病程较长，食欲不振，消瘦，后躯麻痹(图130)。有的会突然死亡，但多数可以康复。剖检见坏死性淋巴结炎、肺炎、肝炎、脾炎、心肌炎和肠炎等变化（图131至图133)。慢性病变不大明显，但组织上可见非化脓性脑炎和细胞中的虫体。

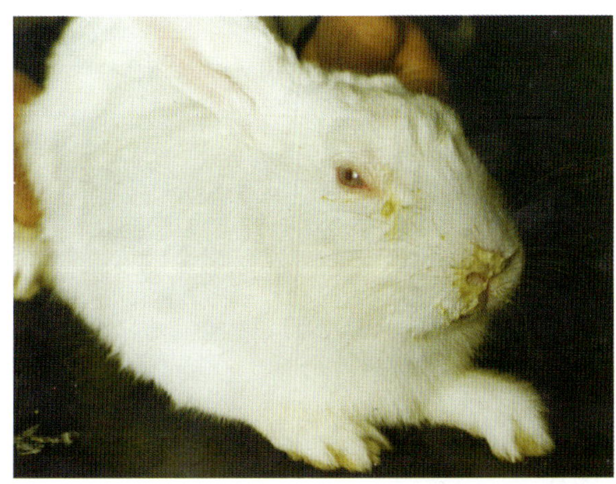

图 129　眼、鼻有黏脓性分泌物　（陈怀涛）

图 130　后肢麻痹

病兔嗜眠，后肢麻痹。

（陈怀涛）

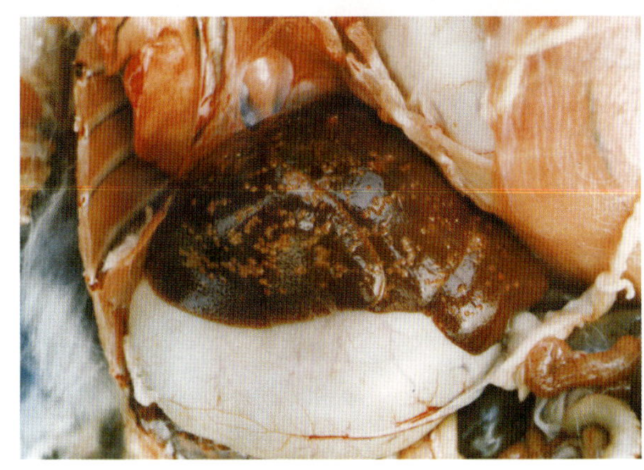

图 131　肝坏死灶

肝脏散布大量坏死灶。

（陈怀涛）

图 132　心脏坏死灶　　（陈怀涛）

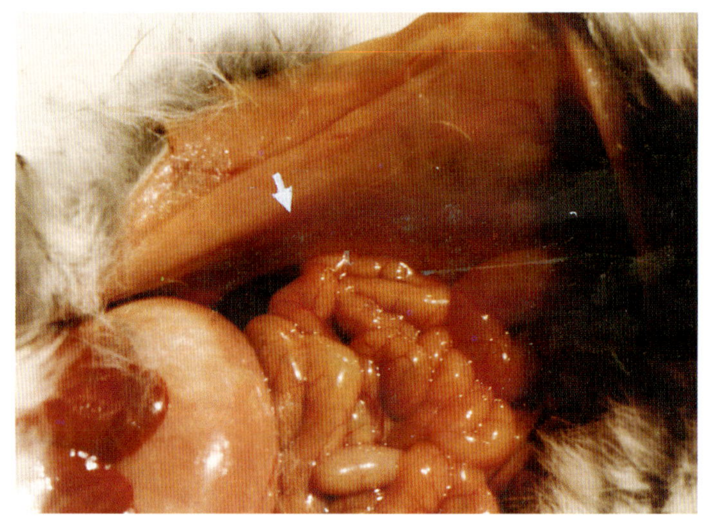

图 133　腹腔积液

腹腔积聚大量淡黄色液体（↑）。　　（陈怀涛）

【诊断要点】①兔场及其附近有养猫史；②特征性病理变化。胸、腹腔积液（图 133）。③非化脓性脑炎，小胶质细胞、血管内皮与外膜细胞增生，其中可发现虫体。发现虫体即可确诊。

【防治措施】兔场禁止养猫并严防外界猫进入兔场。注意不使兔饲料、饮水被猫粪便污染。留种时须经弓形虫检查，确为阴性者方可留用。

磺胺类药物对本病有较好的疗效。磺胺嘧啶，按每千克体重 70 毫克，联合乙胺嘧啶，按每千克体重 2 毫克，首次量加倍，每日 2 次内服，连用 3 ～ 5 天。

【诊疗注意事项】病理检查在本病诊断上起重要作用，而症状仅作参考。注意与内脏有坏死或结节病变的疾病（野兔热、李氏杆菌病、泰泽氏病、结核病、伪结核病、沙门氏菌病等）鉴别。治疗应在发病初期及时用药。注意饲养管理人员个人防护。

脑炎原虫病

本病是由兔脑炎原虫引起，一般为慢性或隐性感染，常无症状，有时见脑炎和肾炎症状，发病率 15% ～ 76%。

【病原】兔脑炎原虫的成熟孢子呈杆状，两端钝圆，或呈卵圆形（图 134）。

【典型症状】通常呈慢性或隐性感染，常无症状，有时可发病，秋冬季节多发，各年龄兔均可感染发病，见脑炎和肾炎症状，如惊厥、颤抖、斜颈（图 135)、麻痹、昏迷、平衡失调（图 136)、蛋白尿及腹泻等。剖检见肾表面有白色小点或大小不等的凹陷状病灶（图 137)，病变严重时肾表面呈颗粒状或高低不平。

【诊断要点】主要根据肾脏的眼观变化及肾、脑的组织变化做诊断。肾、脑可见淋巴细胞与浆细胞肉芽肿，肾小管上皮细胞和脑肉芽肿中心可见脑炎原虫。

【防治措施】目前尚无有效的治疗药物。淘汰病兔，加强防疫和改善卫生条件有利于本病的预防。

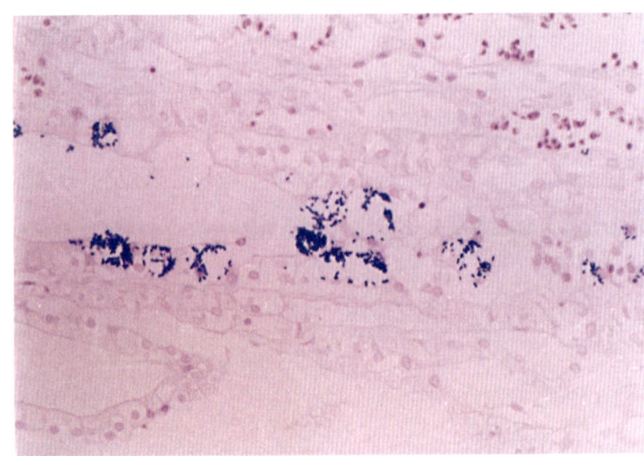

图 134　脑炎原虫的形态
肾小管上皮细胞中的脑炎原虫（蓝色）。革兰氏染色 ×100　（潘耀谦）

图 135　颈歪斜　（潘耀谦）

图 136　运动障碍，站立不稳，转圈运动　（潘耀谦）

图 137　凹陷病灶

肾表面有大小不一的凹陷状病灶。（潘耀谦）

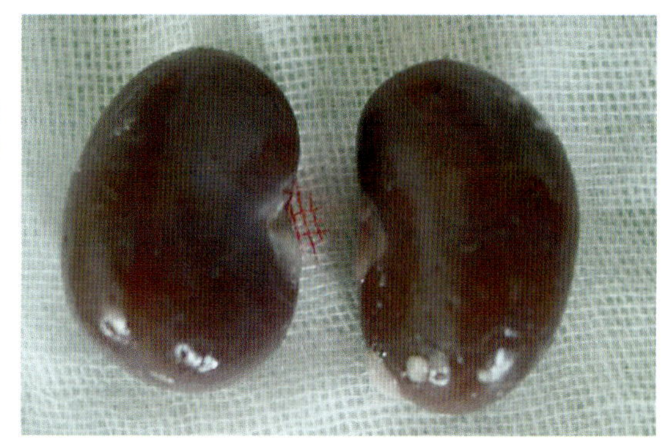

【诊疗注意事项】 本病生前诊断很困难，因为神经症状和肾炎症状很难与本病联系在一起。注意与有斜颈症状的疾病（如李氏杆菌病、巴氏杆菌病等）鉴别。

肝片吸虫病

本病是由肝片吸虫寄生于肝脏胆管内引起的一种家兔寄生虫病。

【病原】 肝片吸虫，虫体扁平，呈柳叶状，长 20 ～ 30 毫米，宽 5 ～ 13 毫米。新鲜时呈棕红色 (图 138)。中间宿主为锥实螺。

【典型症状】 主要表现精神委顿，食欲不振，消瘦，衰弱，贫血和黄疸等。疾病严重时眼睑、颌下、胸腹部皮下水肿。剖检见肝脏胆管明显增粗，呈灰白色索状或结节状，突出于肝脏表面（图 139）。

【诊断要点】 ①多发生在以饲喂青饲料为主的兔群中 (青饲料多采集于低洼和沼泽地带，易受幼虫感染)，呈地方性流行；②粪便检查虫卵；③肝脏特征病变。

【防治措施】 注意饲草和饮水卫生，不喂沟、塘及河边的草和水。对病兔及带虫兔进行驱虫。驱虫的粪便应集中处理，以消灭虫卵。消灭中间宿主锥实螺。

治疗可选用如下药物：①硝氯酚，具有疗效高、毒性小、用量少等特点，按每千克体重 1 ～ 2 克肌注。②双酰胺氧醚 10% 混悬液，每次每千克体重100毫克口服。③丙硫苯咪唑，每千克体重3～5毫克，拌入饲料中喂给。④肝蛭净，每千克体重每次10～12毫克，口服。

【诊疗注意事项】流行特点仅作诊断参考，确诊应依据粪便虫卵检查和肝病变检查。注意与肝球虫病鉴别。用药后7天内不得屠宰供人食用。

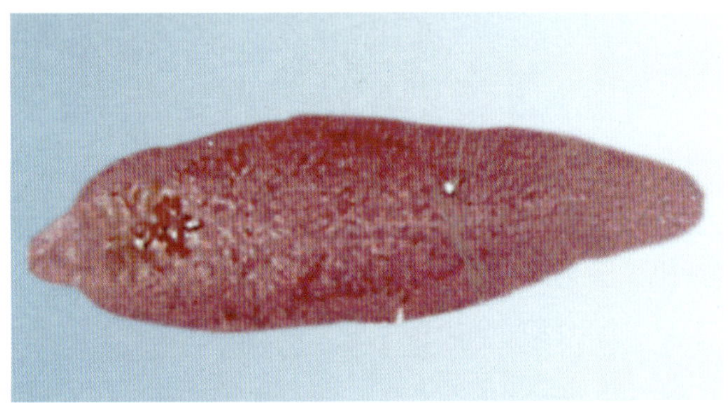

图138 肝片吸虫的大体形态

（柴家前主编，兔病快速诊断防治彩色图册，1998）

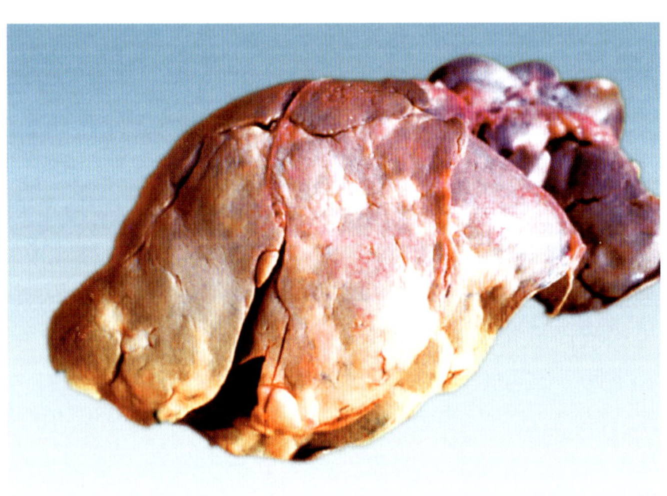

图139 肝结节病变

肝表面有灰白色结节和条索，其切面见胆管壁增厚。

（甘肃农业大学兽医病理室）

血吸虫病

本病是由日本分体吸虫引起的一种严重的人、畜共患病。广泛流行于长江流域和南方地区。

【病原】 病原体是日本分体吸虫（图 140），呈细线状，寄生于门静脉系统的小血管内；虫卵寄生于肝和肠。中间宿主为湖北钉螺。

【典型症状】 少量感染无明显症状。大量感染表现腹泻、便血、消瘦、贫血，严重时出现腹水过多，最后死亡。病理检查时见肝和肠壁有灰白色或灰黄色虫卵结节。慢性病例表现肝硬化，体积缩小，硬度增加，用刀不易切开（图 141）。在门静脉和肠系膜静脉可找到成虫。

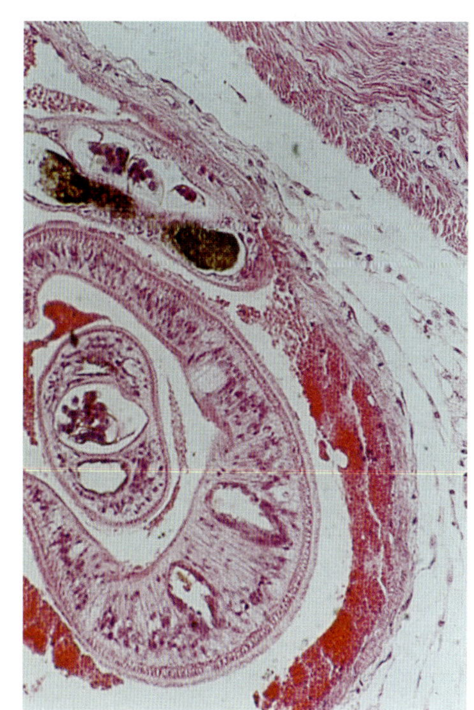

图 140　血管中的血吸虫

在肠系膜的血管中有血吸虫成虫寄生，并见少量血栓，但血管周围无炎症反应。HE × 200

（甘肃农业大学兽医病理室）

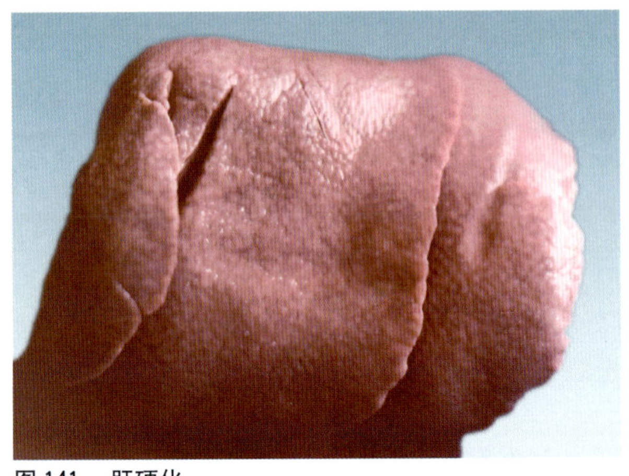

图 141　肝硬化

肝质地硬实，表面高低不平，呈颗粒状。

（甘肃农业大学兽医病理室）

【诊断要点】①流行于南方各省；②粪便中虫卵检查；③肝肠典型病变。

【防治措施】采取综合防治措施，注意饮水卫生，不喂被血吸虫尾蚴污染的水草，搞好粪便管理。

发现病兔及早治疗。治疗人、畜血吸虫病的药物如血防 846、硝硫氰胺、吡喹酮等可按说明使用于家兔。

【诊疗注意事项】本病的确诊要依靠粪便虫卵检查和病变组织检查。也可用血清学试验如间接血凝试验。注意与肝、肠有结节病变的疾病鉴别。

豆状囊尾蚴病

本病是由豆状带绦虫的中绦期幼虫——豆状囊尾蚴寄生于兔的肝脏、肠系膜和网膜等所引起的疾病。

【病原】豆状带绦虫寄生于狗、猫和狐狸等野生食肉兽的小肠内，成熟绦虫排出含卵节片，兔食入污染有这种节片和虫卵的饲料后，六钩蚴便从卵中钻出，进入肠壁血管，随血流到达肝脏。再钻出肝膜，进入腹腔，在肠系膜、胃网膜等处发育为豆状囊尾蚴。豆状囊尾蚴虫体呈囊泡状，大小如豌豆，囊内含有透明液和一个小头节（图 142）。

【典型症状】 轻度感染一般无明显症状。大量感染时可导致肝炎和消化障碍等表现，如食欲减退，腹围增大，精神不振，嗜睡，逐渐消瘦，最后因体力衰竭而死亡。急性发作可引起突然死亡。剖检见囊尾蚴寄生在肠系膜、网膜、肝表面等处，数量不等，状似小水泡或葡萄串（图 143、图 144）。有些肝实质中见弯曲的纤维化组织（图 145）。

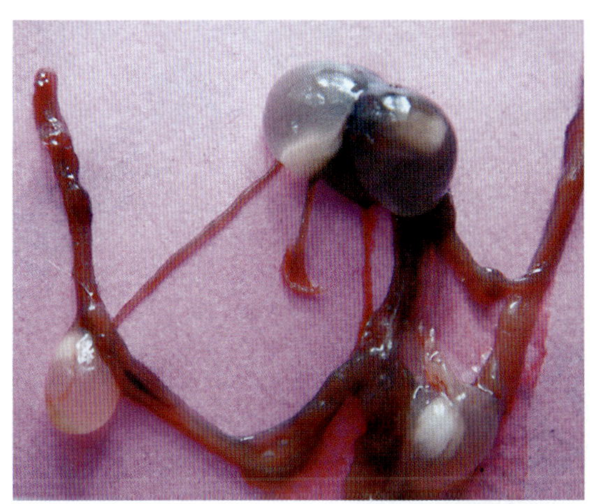

图 142　豆状囊尾蚴的形态

豆状囊尾蚴呈小泡状，其中有一个白色小点状头节。

（任克良、李燕平）

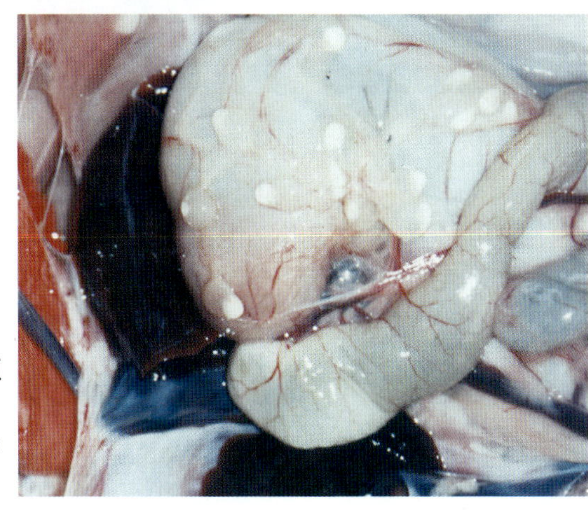

图 143　胃浆膜面寄生的豆状囊尾蚴

（任克良）

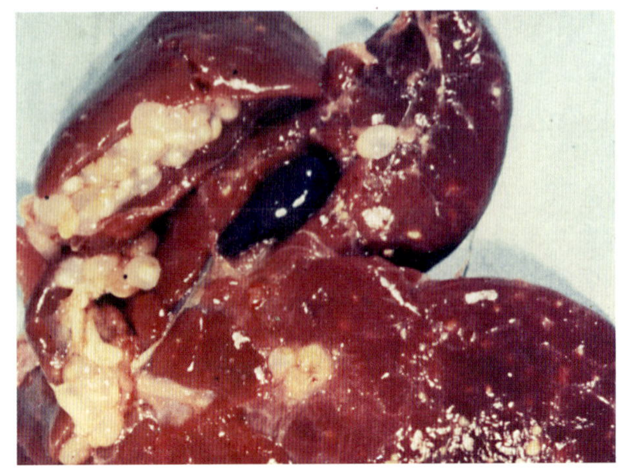

图 144　肝表面寄生的葡萄串状豆状囊尾蚴　（王永坤）

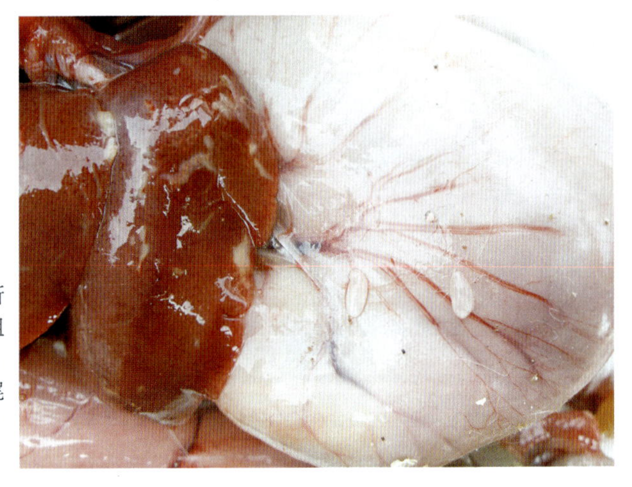

图 145　肝炎

六钩蚴在肝内移行所致的弯曲条纹状结缔组织增生（慢性肝炎）；胃浆膜有几个豆状囊尾蚴寄生。　（任克良）

【诊断要点】 生前仅以症状难以做出诊断，可用间接血凝试验诊断。剖检发现豆状囊尾蚴即可做出确诊。

【防治措施】 兔场内禁止饲养犬、猫或对犬、猫定期进行驱虫。驱虫药物可用吡喹酮，每千克 5 毫克，拌料喂服。带虫的病兔尸体勿被犬、猫食入。

治疗：可用吡喹酮，每千克体重 10 ～ 35 毫克，口服，每日 1 次，连用 5 天。

【诊疗注意事项】 兔群一旦检出一个病例，应考虑全群预防和治疗。

棘球蚴病

本病主要由细粒棘球绦虫等的幼虫寄生于兔体内的肝、肺等部位而引起的一种寄生虫病。属人畜共患病。

【病原】 病原主要为细粒棘球绦虫的幼虫。成虫虫体长为2～7毫升，由头节和3～4个节片组成。寄生于犬等动物小肠内的细粒棘球绦虫成熟后排出虫卵，里面含有六钩蚴，兔吞食了污染有虫卵的草和水，虫卵在消化道发育为幼虫，幼虫经血流到肝脏、肺脏等处生长为棘球蚴。

【典型症状】 轻度感染，一般不表现临床症状。棘球蚴生长缓慢，形状多种多样，大小不一，寄居部位不同，可引起不同的临床表现，主要为消瘦、黄疸、消化紊乱；棘球蚴寄生于肺时，则表现喘息、咳嗽和鼻炎。严重者表现腹泻（图146），迅速死亡。剖检见棘球蚴主要寄生于实质器官，常见于肝脏，在肝脏形成豌豆至核桃大的囊泡，可找到棘球蚴（图147、图148）。

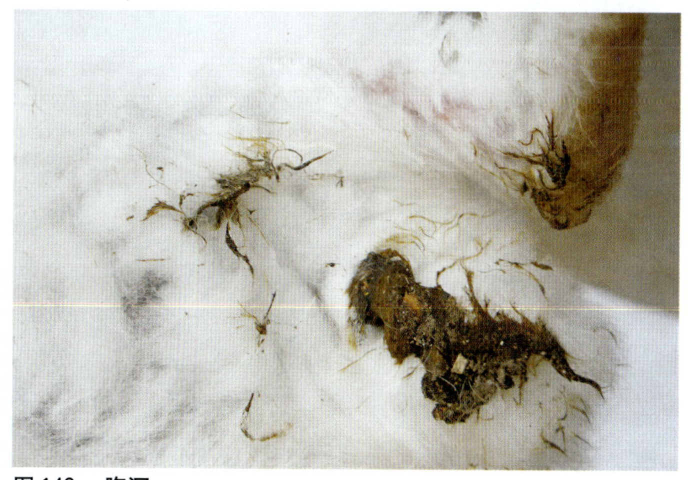

图146　腹泻

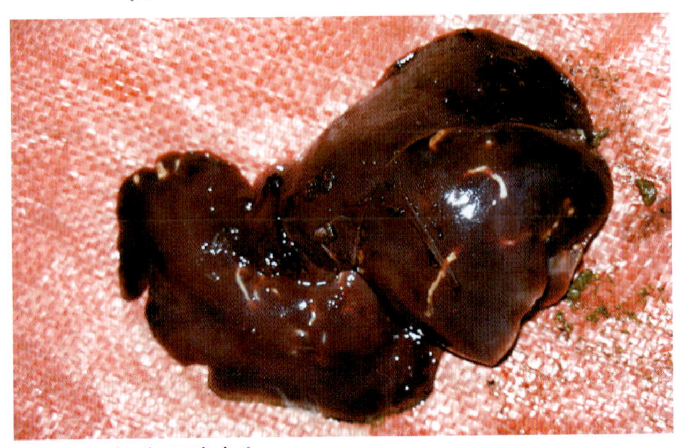

图 147　轻度肝脏病变

外观可见肝脏内淡黄色病变区。（任克良）

图 148　重度肝脏病变

肝脏形成多量囊泡，其中有棘球蚴。（任克良）

【诊断要点】 养兔场、户有养犬史；生前很难诊断，可采用间接血球凝集试验和酶联免疫吸附试验。死亡兔在肝脏、肺脏内找到棘球蚴虫体可确诊。

【防治措施】 养兔场、户禁止养犬或对犬定期用吡喹酮进行驱虫，按每千克体重 5 毫克，一次内服。避免虫卵污染场地、饲草和饮水。

治疗：可用吡喹酮，一般按每千克体重 50 ~ 100 毫克，1 次口服。

【诊疗注意事项】 本病易传播给人，接触病兔注意个人防护。

蛲虫病

本病是由栓尾线虫引起的一种感染率较高的内寄生虫病。

【病原】 栓尾线虫呈白线头样，成虫寄生在盲肠和结肠。

【典型症状】 少量感染时，一般不表现症状。严重感染时，表现心神不定，因肛门有蛲虫活动而发痒，用嘴舌啃舔肛门，采食、休息受影响，食欲下降，精神沉郁，被毛粗乱，逐渐消瘦，下痢，可发现粪便中有乳白色线头样栓尾线虫(图 149)。剖检见大肠内也有栓尾线虫(图 150)。

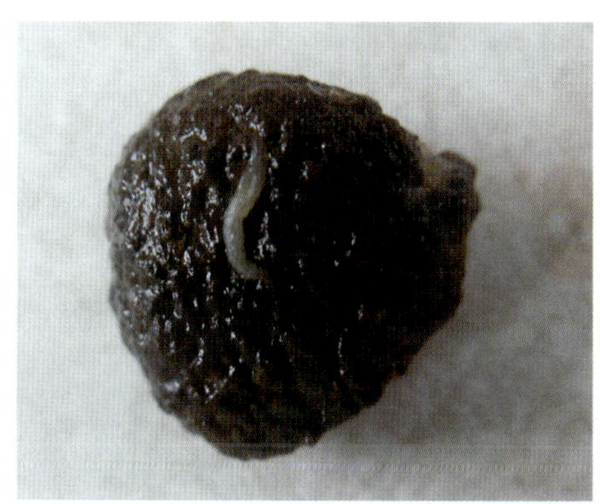

图 149　粪球上蛲虫
（任克良）

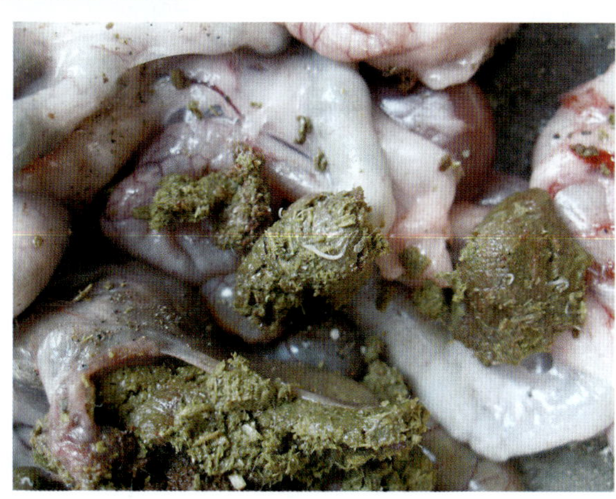

图 150　盲肠食糜中的蛲虫　（任克良）

【诊断要点】獭兔多发。根据患兔常用嘴舌啃舔肛门的症状可怀疑本病，在肛门处、粪便中或剖检时在大肠发现虫体即可确诊。

【防治措施】①加强兔舍、兔笼卫生管理，对食盒、饮水用具定期消毒，粪便堆积发酵处理。②引进的种兔隔离观察1个月，确认无病方可入群。③兔群每年进行2次定期驱虫。可用丙硫苯咪唑或伊维菌素。

治疗：①伊维菌素，有粉剂、胶囊和针剂，根据说明使用。②丙硫苯咪唑(抗蠕敏)，每千克体重10毫克，口服，每日1次，连用2天。③左旋咪唑，每千克体重5～6毫克，口服，每日1次，连用2天。

【诊疗注意事项】本病容易诊断。虽然致死率极低，但对兔的休息和营养影响较大，故应引起重视。

螨 病

本病是由痒螨或疥螨等引起的一种高度接触性皮肤寄生虫病。对养兔业危害较大。

【病原】痒螨（图151）和疥螨（图152）的外形大小与结构有所不同。

【典型症状】痒螨病：由兔痒螨和兔足螨引起。兔频频甩头，检查见耳根、外耳道内有黄色痂皮和分泌物(图153、图154)或在头部、外耳道、脚掌下面的皮肤发生炎症和痂皮。疥螨病：由兔疥螨和兔背肛螨引起。一般先在头部和掌部无毛或短毛部位如脚掌面、耳边缘、鼻尖、口唇、眼圈等部位，引起灰白色痂皮(图155、图156)，然后蔓延到其他部位，兔有痒感，频频用嘴啃咬患部。故病部发炎、脱毛、结痂、皮肤增厚和龟裂，采食下降，最终消瘦、贫血死亡。

【诊断要点】①秋冬季节多发；②皮肤特征病变，病变部有痒感；③在病部与健部皮肤交界处刮取痂皮检查，发现螨虫可确诊。

【防治措施】兔舍、兔笼定期用火焰或2%敌百虫水溶液进行消毒。发现病兔，应及时隔离治疗，种兔停止配种。

治疗：①伊维菌素，是目前预防和治疗本病的最有效的药物，有粉剂、胶囊和针剂，根据说明使用。②螨净，按1:500比例稀释，涂擦患部。

【诊疗注意事项】注意与毛癣菌病鉴别。治疗时注意：①治疗后，隔 7 ~ 10 天再重复一个疗程，直至治愈为止。②治疗与消毒兔笼同时进行。③家兔不适于药浴，不能将整个兔浸泡于药液中，仅可依次分部位治疗。

图 151　痒螨的形态　（甘肃农业大学家畜寄生虫室）

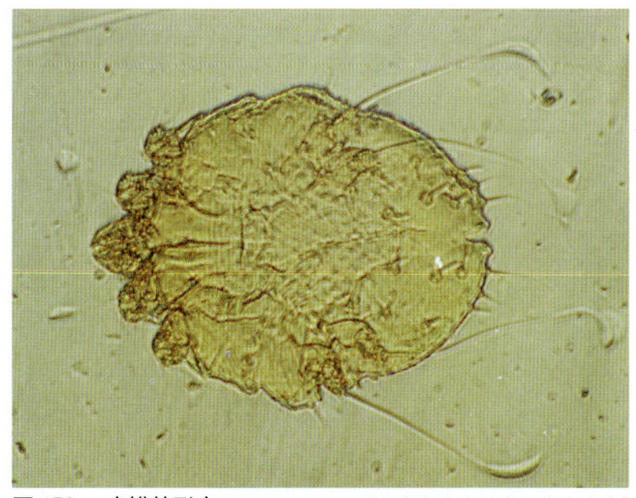

图 152　疥螨的形态　（甘肃农业大学家畜寄生虫室）

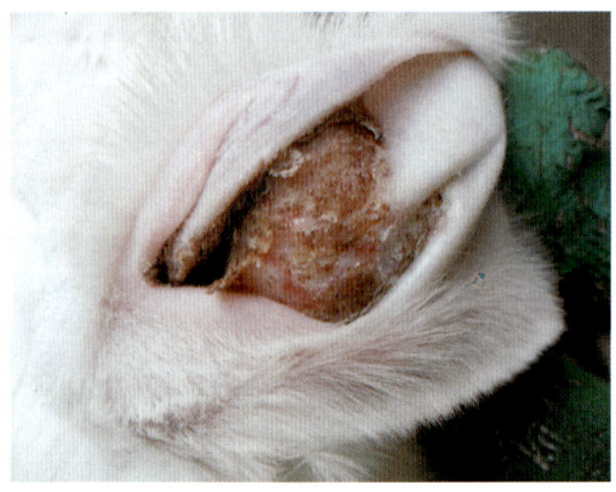

图 153　耳郭内结痂，有较多干燥分泌物　（任克良）

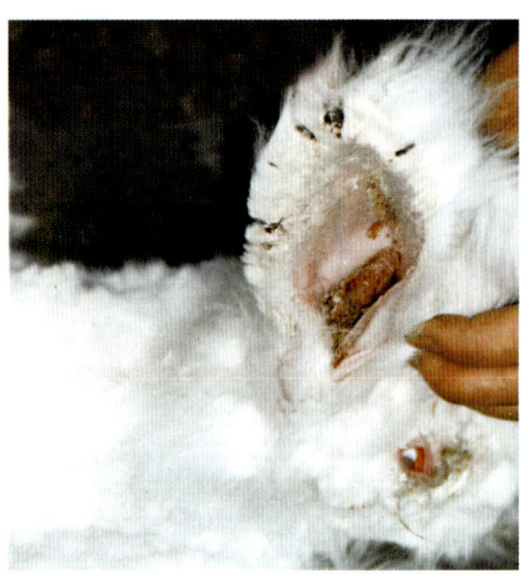

图 154　外耳道有淡红色干燥分泌物；耳边缘皮肤增厚、结痂　（任克良）

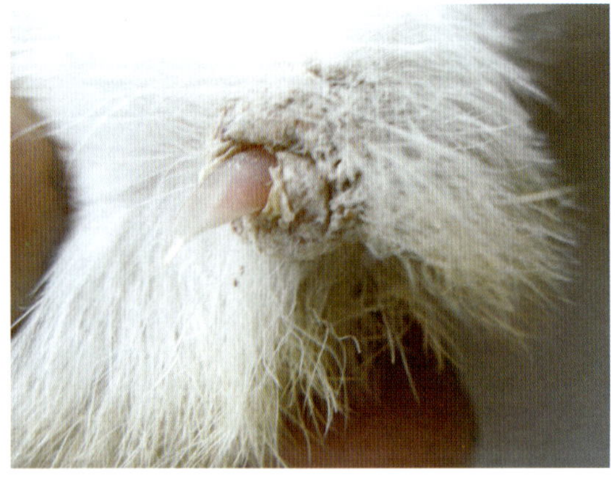

图 155　脚趾部皮肤有较厚痂皮　（任克良）

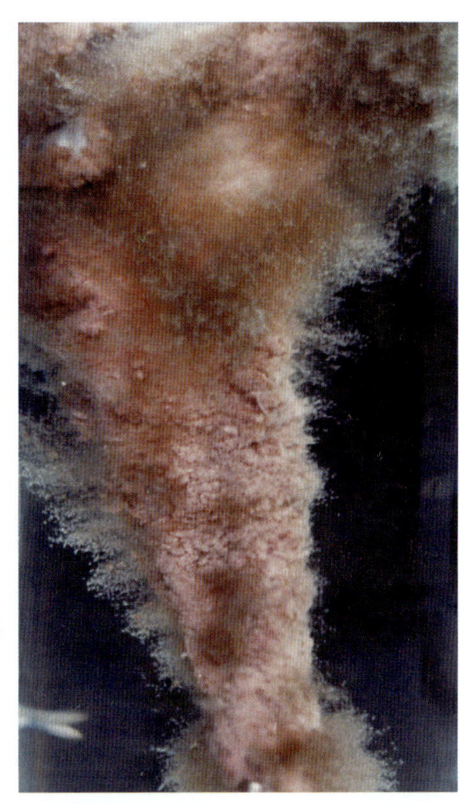

图 156　肢体皮肤脱毛、增生、粗糙不平　（陈怀涛）

维生素A缺乏症

【病因】日粮中缺乏青绿饲料、胡萝卜素或维生素 A 添加剂；饲料贮存方法不当如暴晒、氧化等，破坏饲料中维生素 A 前体。患肠道病、肝球虫病等，影响维生素 A 的转化和贮存。

【典型症状】仔、幼兔生长发育缓慢。视觉障碍。母兔繁殖率下降，不易受胎，受胎的易发生早期胎儿死亡和吸收、流产、死产或产出先天性畸形仔兔（脑积水、瞎眼等）（图 157、图 158）。长期缺乏可引起眼睛干燥，结膜发炎，角膜浑浊，严重者失明。有的出现转圈，惊厥，左右摇摆，四肢麻痹等。

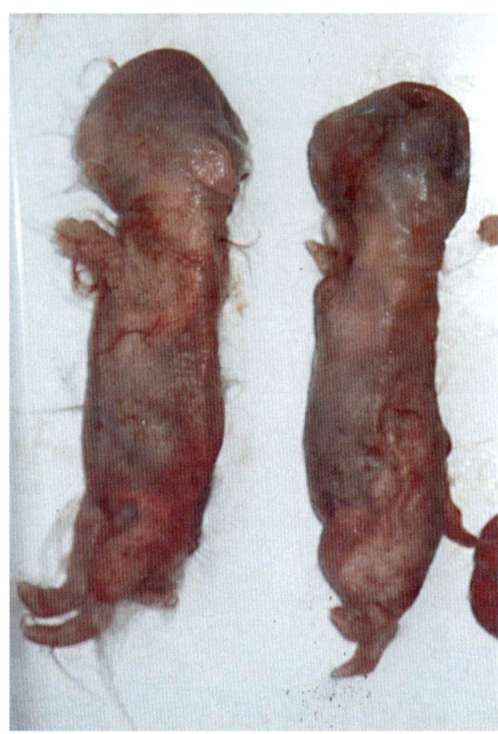

图 157 脑积水
初生仔兔脑异常大。
（任克良）

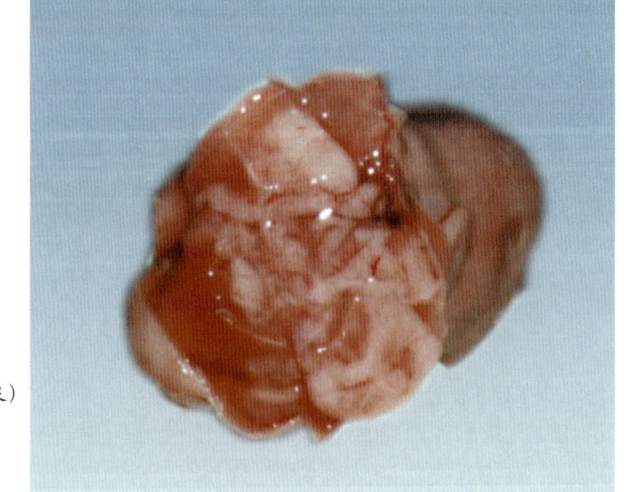

图 158 脑内水肿
（任克良）

【诊断要点】①饲料中长期缺乏青饲料或维生素A含量不足。有发育、视力、运动、生殖等功能障碍症状。②测定血浆中维生素A的含量，低于20～80微克/升为缺乏。

【防治措施】经常喂给青绿多汁饲料。兔日粮尤其是怀孕、泌乳母兔日粮中应添加维生素A添加剂，其量应考虑制粒过程的破坏。及时治疗兔球虫病和肠道疾病。

治疗：群体每10千克饲料中添加鱼肝油2毫升。个别病例可内服或肌肉注射鱼肝油制剂。

【诊疗注意事项】该病的症状在多种疾病都有可能出现，因此诊断时在排除相关疾病后应和饲料营养成分联系起来。

维生素E缺乏症

【病因】饲料中维生素E含量不足；饲料中含过量不饱和脂肪酸（如猪油、豆油等）酸败产生过氧化物，促进维生素E的氧化。兔患肝脏疾病如球虫病时，维生素E贮存减少，利用和破坏反而增加。

【典型症状】患兔表现强直、进行性肌肉无力。不爱运动，喜卧地，全身紧张性降低（图159）。肌肉萎缩并引起运动障碍，步样不稳，平衡失调，食欲减退甚至废绝。体重逐渐减轻，全身衰竭，大小便失禁，直至死亡。幼兔表现生长发育停滞。母兔受胎率降低，发生流产或死胎；公兔睾丸损伤，精子产生减少。剖检见骨骼肌、心肌颜色变淡或苍白。

【诊断要点】根据运动障碍、生殖功能下降和肌肉特征病变可怀疑本病，也可进行治疗性诊断。但综合性诊断较为全面、准确。

【防治措施】经常给兔饲喂青绿多汁饲料如大麦芽、苜蓿、胡萝卜等，或补充维生素E添加剂。避免喂含不饱和脂肪酸酸败饲料。及时治疗兔肝脏疾病，如兔球虫病等。

治疗：可在日粮中添加维生素E，每千克体重每日0.32～1.4毫升。或肌注维生素E制剂，每次1000单位，每日2次，连用2～3天。

图 159　病兔肌肉无力，两前肢向外侧伸展

（王云峰等，家兔常见病诊断图谱，1999）

【诊疗注意事项】本病应进行综合诊断，如发生特点（幼兔多发，群发）、饲料分析（维生素 E 缺乏）、主要症状（运动障碍，心衰）、病理变化（骨骼肌、心肌等变性坏死）。

佝偻病

佝偻病是幼兔维生素 D 缺乏、钙磷代谢障碍所致的以消化紊乱、骨骼变形、运动障碍为特征的疾病。

【病因】饲料中钙、磷缺乏，钙磷比例不当或维生素 D 缺乏。

【典型症状】精神不振，四肢向外侧斜，身体呈匍匐状，凹背，不愿走动（图 160）。四肢弯曲，关节肿大（图 161）。肋骨与肋软骨交界处出现“佝偻珠”（图 162）。死亡率较低。

【诊断要点】①检测饲料中的钙、磷；②特征症状和骨关节病变；③治疗性诊断，即补钙剂疗效明显。

【防治措施】经常在饲料中添加足量骨粉或磷酸氢钙和维生素 D，增加光照。

治疗：维生素 D 胶性钙，每次 1000 ～ 2000 单位肌注，每日 1 次，连用 5 ～ 7 天。

【诊疗注意事项】 幼兔饲料中的钙磷比例一定要合适（1 ～ 2∶1），高于或低于此比例，尤其伴有轻度维生素 D 不足即可发生此病。

图 160　不愿走动，喜伏地，四肢向外斜，身体呈匍匐状，凹背　（任克良）

图 161　关节肿大　（任克良）

图 164　右侧兔正在啃吃左侧兔的被毛

（任克良）

图 165　除头、颈、耳后难以吃到的部位外，身体大部分被毛均被自己吃掉

（任克良）

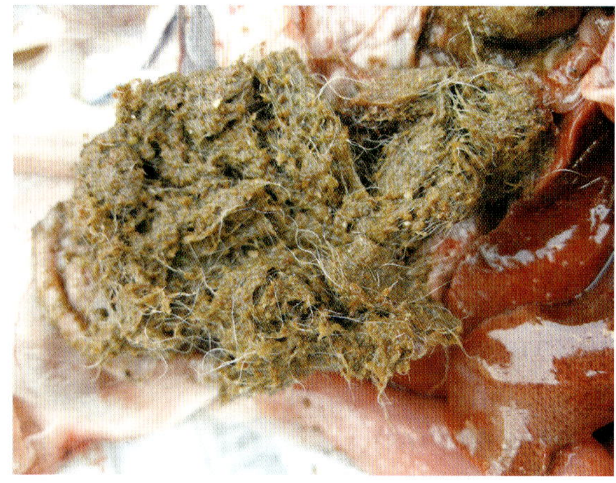

图 166　胃内容物中混有大量兔毛

（任克良）

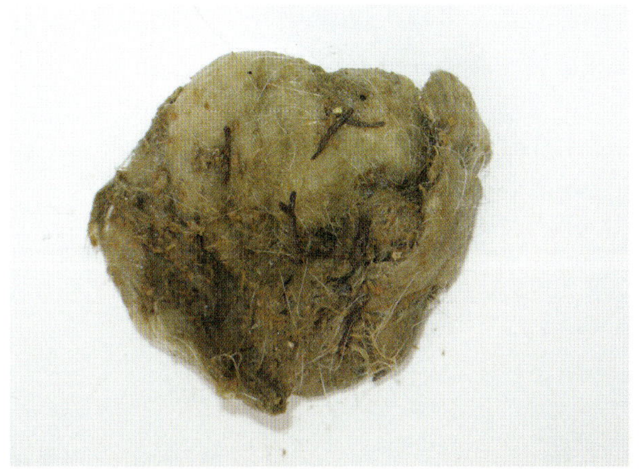

图 167　从胃中取出的毛球　（任克良）

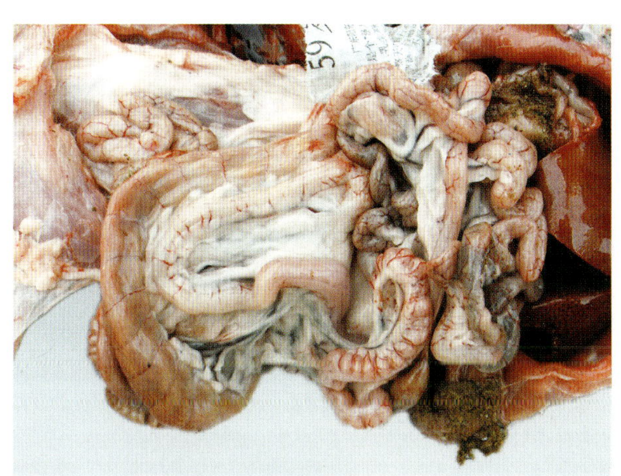

图 168　毛球阻塞胃使肠道空虚　（任克良）

【诊断要点】①有明显食毛症状；②有皮肤少毛、无毛表现；③胃、肠可发现毛团或毛球及其所致的腹痛、臌气症状；④饲料营养成分测定。

【防治措施】日粮营养要平衡，精粗料比例要适当。供给充足的蛋白质、无机盐和维生素。饲养密度要适当。及时清理掉在饮水盆和垫草上的兔毛。兔毛可用火焰喷灯焚烧。每周停喂一次粗饲料或在饲料中添加 1.87% 氧化镁。

治疗：病情轻者，多喂青绿多汁饲料，多运动即可治愈。胃肠如有毛球可内服植物油，如豆油或蓖麻油，每次 10 ～ 15 毫升，然后让家兔运动，待进食后喂给易消化的柔软饲料。同时用手按摩胃肠，排出毛球。食欲不好时，可喂给大黄苏打片等健胃药。对于治疗无效者，应施以外科手术或淘汰。

【诊疗注意事项】本病的诊断不很困难，但从预防和治疗看应从多种营养成分缺乏考虑。

尿石症

尿石症即尿结石，是指在尿路中形成硬如砂石状的盐类凝固物，刺激黏膜引起出血、炎症和尿路阻塞等病变的疾病。

【病因】饲喂高钙日粮，饮水不足，维生素 A 缺乏，日粮中精料比例过大，肾及尿路感染发炎等均可引起本病。

【典型症状】病初无明显症状，随后精神萎靡，不思饮食或不吃颗粒料，仅采食青绿、多汁饲料，尿量很少或呈滴状淋漓，尾部经常被尿液粘湿。排尿困难，拱背，粪便干、硬、小，有时排血尿，日渐消瘦，后期后肢麻痹、瘫痪。剖检见肾盂、膀胱与尿道内有大小不等、多少不一的结石，局部黏膜出血、水肿或形成溃疡（图 169、图 170）。

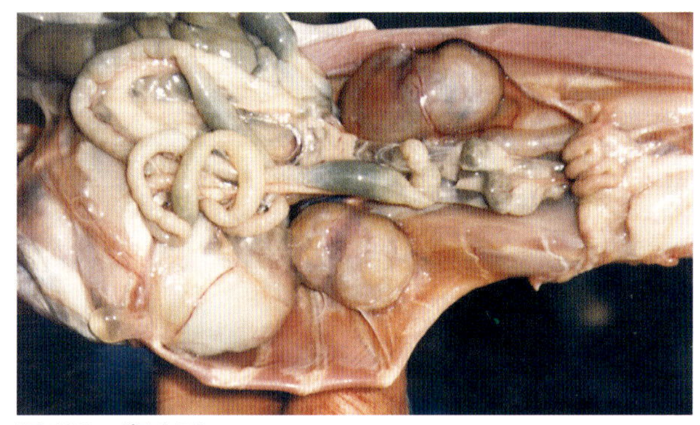

图 169　肾变形

由于肾盂中有结石形成，故肾肿大，表面凹凸不平，颜色变淡。

（任克良）

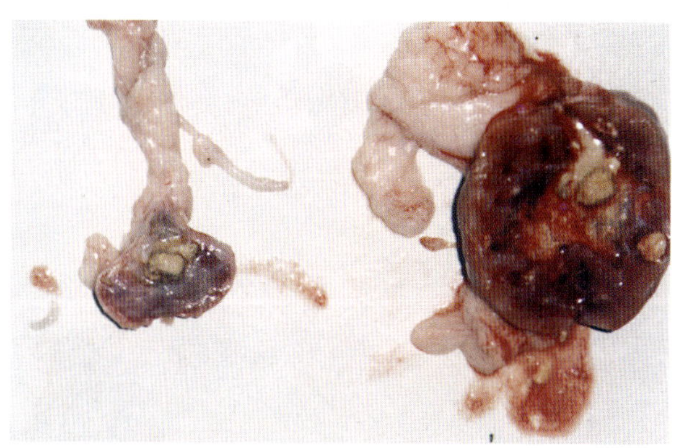

图 170　肾盂结石

左肾肿大，出血。右肾萎缩，在肾切面见肾盂中有淡黄色大小不等结石。（任克良）

【诊断要点】成兔、老龄兔多发。患兔仅采食青绿、多汁饲料。有排尿困难等症状。按摸两侧肾脏，可能有石头样感觉。肾肿大或萎缩。尿路有结石及病变。

【防治措施】合理配制日粮，精料比例不宜过高，钙、磷比例适中，补充维生素 A，保证充足的饮水。

治疗：①结石小时，每日口服氯化胺 1 ～ 2 毫升，连用 3 ～ 5 天，停药 3 ～ 5 天后再投服同样天数。②较大的肾结石、膀胱结石应施手术治疗或作淘汰处理。

【诊疗注意事项】临床症状是诊断本病的重要依据，但不能以此做确诊，必须仔细检查，排除其他泌尿系统疾病。

食足癖

由于营养失调或其他原因致使病兔经常啃食脚趾皮肉和骨骼的现象。

【病因】饲料营养不平衡，患寄生虫，内分泌失调。

【典型症状】家兔不断啃食脚趾尤其后脚趾，伤口经久不愈。严重的露出趾节骨，有的感染化脓或坏死（图 171、图 172）。

图 171　被啃咬的后脚趾，已露出趾骨，并有出血

（任克良）

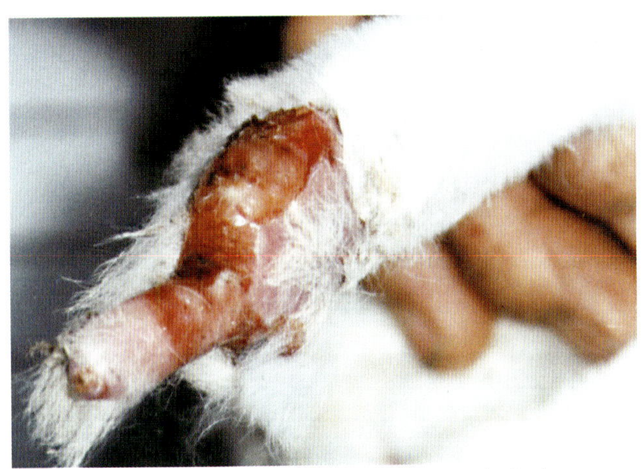

图 172　趾部皮肉和骨骼被啃食，似骨折，局部化脓

（任克良）

【诊断要点】青、成年兔多发，獭兔易感。体内外寄生虫病、内分泌失调的兔易发。患兔不断啃咬脚趾，流血、化脓，长久不能愈合。

【防治措施】配制合理的饲料，注意矿物质、维生素的添加。及时治疗体内外寄生虫。目前无有效治疗方法，可对症治疗。

【诊疗注意事项】发现此病时除改善饲料配方外，对发病部位应及时处理。

妊娠毒血症

本病是家兔妊娠末期营养负平衡所致的一种以神经机能受损，共济失调，虚弱、失明和死亡为特征的代谢性疾病，妊娠、哺乳及假妊娠母兔均可发生。

【病因】 病因仍不十分清楚，但妊娠末期营养不足，特别是碳水化合物缺乏易发本病，尤以怀胎多且饲喂不足的母兔多见。可能与内分泌机能失调、肥胖和子宫肿瘤等因素有关。

【典型症状】 初期精神极度不安，常在兔笼内无意识漫游，甚至用头顶撞笼壁，安静时缩成一团，精神沉郁，食欲减退，全身肌肉间歇性震颤，前后肢向两侧伸展（图 173），有时呈强直痉挛。严重病例出现共济失调，惊厥，昏迷，最后死亡。剖检见乳腺分泌机能旺盛，卵巢黄体增大，肠系膜脂肪有坏死区（图 174）。肝脏、肾脏和心脏苍白。肾上腺变小，苍白，常有皮质瘤。甲状腺也变小、苍白。组织学变化以脂肪肝和脂肪肾为主。

图 173　软瘫

患兔全身无力，前后肢向两侧伸展。（任克良）

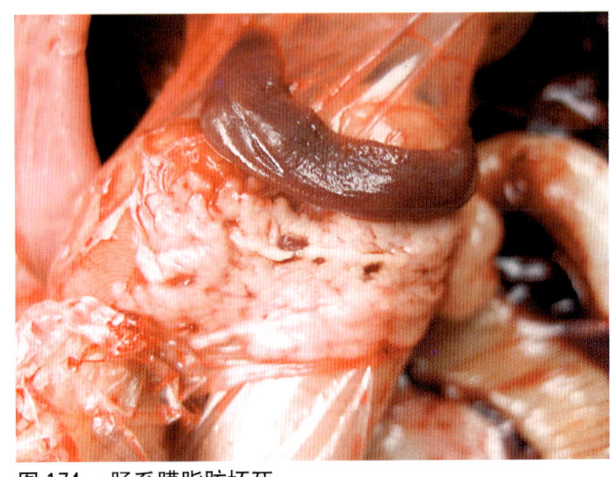

图 174　肠系膜脂肪坏死

肠系膜脂肪肝样病变。（任克良）

【诊断要点】①本病只发生于母兔如怀孕、泌乳、假妊娠，其他年龄兔、公兔不发生。②临床症状和病理特点。③血液中非蛋白氮显著升高，血糖降低和蛋白尿。

【防止措施】合理搭配饲料，妊娠初期，适当控制母兔营养，以防过肥。妊娠末期，饲喂富含碳水化合物的全价饲料，避免不良刺激如饲料和环境突然变化等。

治疗：添加葡萄糖可防止酮血症的发生和发展。治疗的原则是保肝解毒，维护心、肾功能，提高血糖，降低血脂。发病后口服丙二醇 4.0 毫升，2 次 / 天，连用 3 ～ 5 天。还可试用肌醇 2.0 毫升、10% 葡萄糖 10.0 毫升、维生素 C 100 毫克，一次静脉注射，1 ～ 2 次 / 天。肌肉注射复合维生素 B 1 ～ 2 毫升，有辅助治疗作用。

【诊疗注意事项】本病治疗效果缓慢，要耐心细致。

硝酸盐和亚硝酸盐中毒

植物中的硝酸盐在体内外形成亚硝酸盐，进入血液后使血红蛋白为高铁血红蛋白而失去携氧能力，从而引起组织缺氧，动物窒息而死亡的一种中毒性疾病，称亚硝酸盐中毒。

【病因】 家兔采食堆集发热的青饲料、蔬菜或饲料中硝酸盐含量过高而引起发病。

【典型症状】 急性：呼吸困难，口流白沫，磨牙，腹痛，可视黏膜发绀，迅速死亡。剖检见内脏器官晦暗，血液呈酱油色，不凝固（图175）。慢性：生长缓慢，流产，不孕。

【诊断要点】 ①有采食堆集发热的青饲料史；②发病、死亡迅速，呼吸困难，可视黏发绀；③血液不凝，呈酱油色，内脏器官颜色晦暗；④毒物检测。

【防治措施】 蔬菜、青饲料要摊开，切勿堆积。防止硝酸盐与亚硝酸盐化合物混入饲料或被误食。

治疗：迅速用1%美蓝按每千克体重0.1～0.2毫升静注或用5%甲苯胺蓝溶液每千克体重0.5毫升静注，同时用5%葡萄糖10～20毫升、维生素C 1～2毫升静注，效果更好。

【诊疗注意事项】 注意与其他中毒病、急性传染病鉴别。

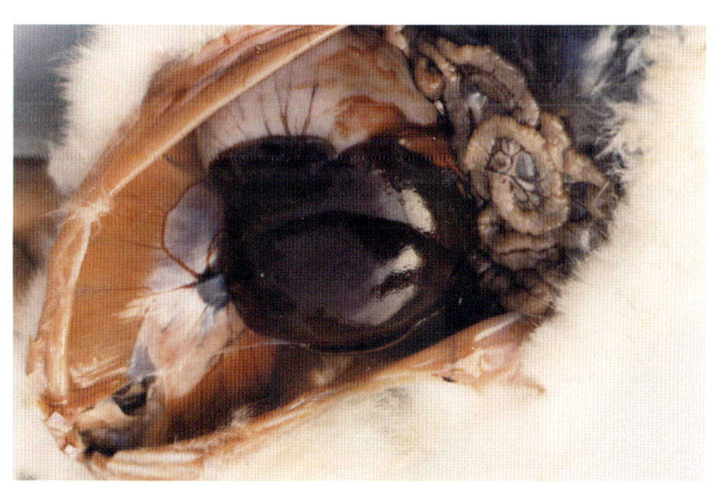

图175　内脏器官颜色晦暗，血液呈酱油色

（陈怀涛）

氢氰酸中毒

氢氰酸中毒是指动物食入富含氰苷植物，在体内水解生成氢氰酸，其氰离子可使细胞色素氧化酶失活。生物氧化中断，组织细胞不能从血液中摄取氧，致使血液氧化饱和而组织细胞氧缺乏，从而发生以呼吸困难为主要症状的中毒性疾病。

【病因】 采食了高粱、玉米、豆类、木薯等的幼苗或再生苗，或桃、杏、李叶及其核仁。食入被氰化物污染的饲料或饮水。

【典型症状】 发病急，病初兴奋不安，流涎，呕吐，腹痛，胀气和下痢等。行走摇摆，呼吸困难，结膜鲜红，瞳孔散大。心力衰竭，倒地抽搐而死。剖检见血液鲜红，凝固不良（图 176）；尸僵不全，尸体鲜红，不易腐败；胃内容物有苦杏仁味；胃肠黏膜充血、出血，肺充血、水肿等。

【诊断要点】 ①有食入含氰苷植物或被氰化物污染的饲料或饮水史；②发病急，表现出明显中毒症状；③有特征病理变化；④毒物检测。

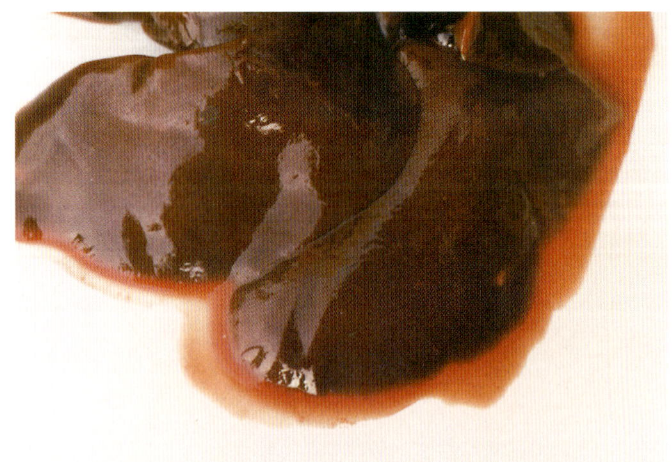

图 176　血液颜色鲜红、稀薄、不易凝固，肝色较正常淡、呈淡黄红色（陈怀涛）

【防治措施】防止家兔采食含氰化物的饲料，尤其是高粱、玉米的幼苗或收割后根上的再生苗及木薯等。发现病兔及时治疗。

治疗：① 1% 亚硝酸钠每千克体重 1 毫克静注，注后再用 5% 硫代硫酸钠每千克体重 3 ～ 5 毫升静注。②用美蓝每千克体重 10 ～ 20 毫克配成 5% 溶液，静注后再注硫代硫酸钠。

【诊疗注意事项】注意与中暑、有机磷中毒、亚硝酸盐中毒鉴别。

有机磷农药中毒

有机磷农药中毒是由于有机磷化合物进入动物体内，抑制胆碱酯酶的活性，使乙酰胆碱大量增加，引起以流涎、腹泻和肌肉痉挛等为特征的中毒性疾病。

【病因】有机磷农药包括敌百虫、敌敌畏、乐果、对硫磷（1605）、内吸磷（1059）、甲拌磷（3911）、二嗪农等。兔子吃了刚喷过这些农药的野草、青饲料或用其治疗兔外寄生虫时用药不当均可引起中毒。

【典型症状】病兔不吃，大量流涎，吐白沫，流泪，磨牙，肌肉震颤，兴奋不安，呼吸急促，呼出气有大蒜味。有的抽搐，后肢麻痹，口腔黏膜和眼结膜呈紫色，瞳孔缩小，视力减退，下痢，排血便（有大蒜味），昏迷，倒地而死。病情较轻时仅表现流涎和拉稀（图 177）。剖检见出血性胃肠炎（图 178），浆液出血性肺炎和实质器官变性肿大等（图 179）。

【诊断要点】①有接触有机磷农药史；②有流涎，流泪，腹泻，腹痛，兴奋不安，抽搐痉挛等主要症状；③呼出气、排出的粪便有大蒜味；④出血性胃肠炎等病理变化。⑤胃内容物有机磷农药化验。

【防治措施】不要喂给刚喷洒过农药的青饲料。用敌百虫等农药治疗兔体内外寄生虫时，要严格按说明使用，药量要准确。加强安全措施，以防人为投毒。

治疗：如系内服中毒，可灌服硫酸镁 5 ～ 10 克导泻，之后静脉注射 4% 解磷定 1 ～ 2 毫升，每 2 ～ 3 小时注射 1 次。同时肌肉注射 1% 阿托品 0.5 ～ 1 毫升 (如口服则为 0.1 ～ 0.3 毫克)，隔 0.5 ～ 1 小时减半用药 1 次，以后视症状缓解情况，延长用药间隔时间或减少用药量。如是外用中毒，应及时清除体表残留药液，防止继续吸收，然后用上述方法治疗。

【诊疗注意事项】 治疗体外寄生虫可用阿维菌素等药物，尽量不使用农药，以防对兔产品（兔肉）造成药残问题。

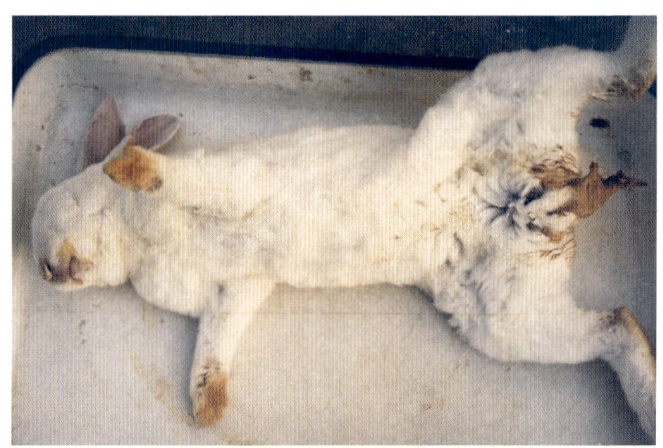

图 177　水样腹泻　（任克良）

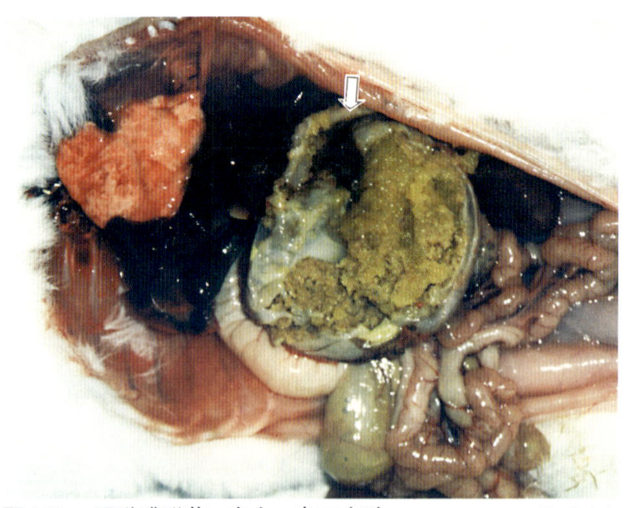

图 178　胃黏膜脱落、出血，皮下水肿　（任克良）

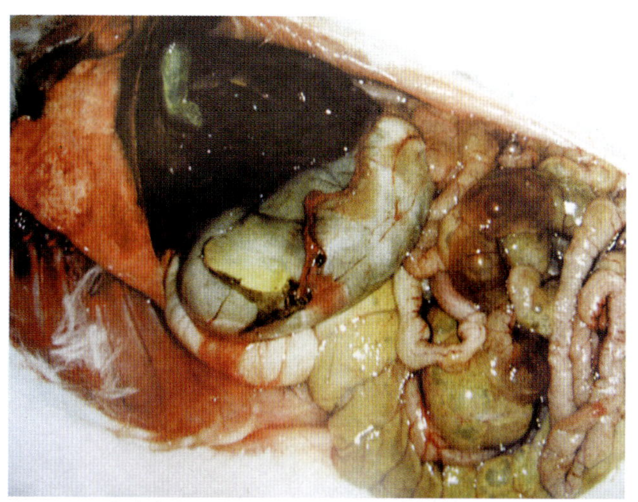

图 179　肺脏充血、出血、水肿，肝变性肿大，肠腔内有含气泡的黄红色稀薄的内容物　（任克良）

阿维菌素中毒

阿维菌素是阿佛曼链球菌的天然发酵产物，是一种高效、广谱抗寄生虫药物，是目前预防和治疗兔螨虫和体内线虫病的首选药物。

【病因】剂量计算错误和盲目增大剂量是造成阿维菌素中毒的主要原因。

【典型症状】精神沉郁，步态不稳，食欲不振，多数拒食（图 180），最后瘫软，在昏迷中死亡。剖检见肺、肠浆膜等出血，腹腔积液，实质器官变性，脾肿大（图 181 至图 184）。

【诊断要点】①有阿维菌素超量防治螨病、线虫病史；②有上述症状和内脏出血、腹腔积液等病变。

【防治措施】使用阿维菌素时，应准确测定兔的体重并严格按产品说明使用剂量。

本病没有特效解毒药，可按补液、强心、利尿和兴奋肠蠕动的原则进行治疗。

【诊疗注意事项】诊断本病首先应考虑与阿维菌素使用的关系，症状和病变仅供参考。

图 180　病兔精神不振，减食或拒食
（任克良）

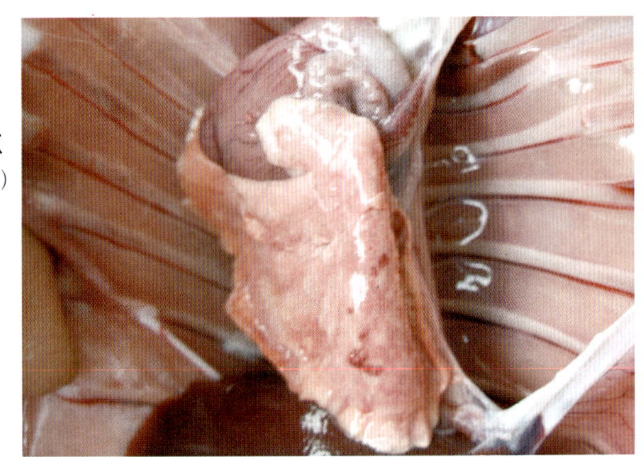

图 181　肺有出血斑点
（任克良）

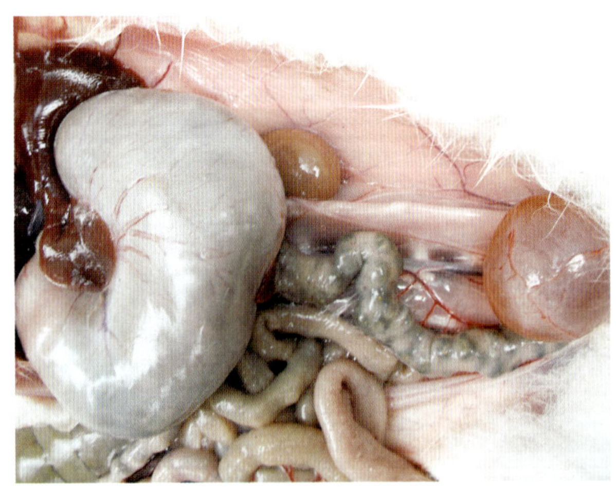

图 182　胃内充满食物，腹腔积液，肾色黄，膀胱积尿
（任克良）

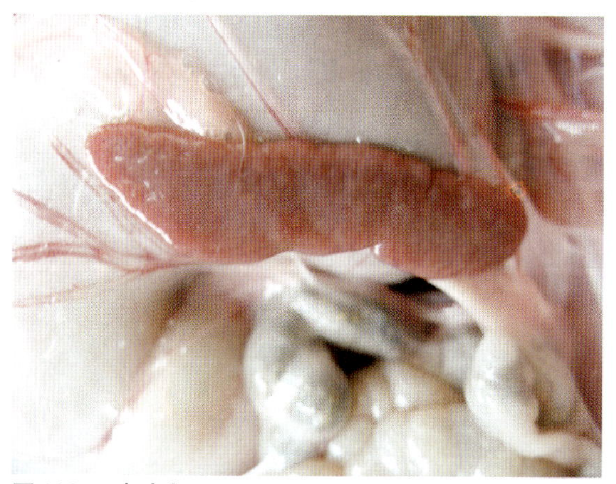

图 183　脾肿大　(任克良)

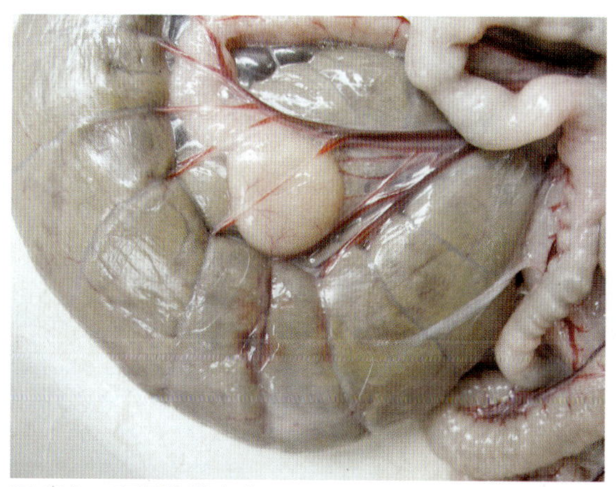

图 184　盲肠浆膜出血　(任克良)

马杜拉霉素中毒

马杜拉霉素又称加福、抗球王、抗球皇、杜球等，属聚醚类离子载体抗生素。主要用于家禽球虫病的预防和治疗。

【病因】马杜拉霉素用于预防兔球虫病，预防剂量与中毒剂量十分接近，剂量稍高或搅拌不均匀，长期饲喂，均可引起中毒。

【典型症状】小中毒量饲喂后第5天就出现中毒表现，青年兔、泌乳母兔先发病，精神不振，食欲废绝，感觉迟钝，嗜眠，体温正常，排尿困难，粪球变小，四肢发软，嘴着地，似翻跟头动作（图185），数小时后死亡。剂量稍大者或搅拌不均匀，采食后24小时出现如上症状，迅速死亡。剖检见心包腔与腹腔积液（图186、图187），胃黏膜脱落（图188），肝淤血肿大，肾变性色黄等（图189）。

图185　嗜眠，头、嘴着地，似翻跟头动作

（任克良）

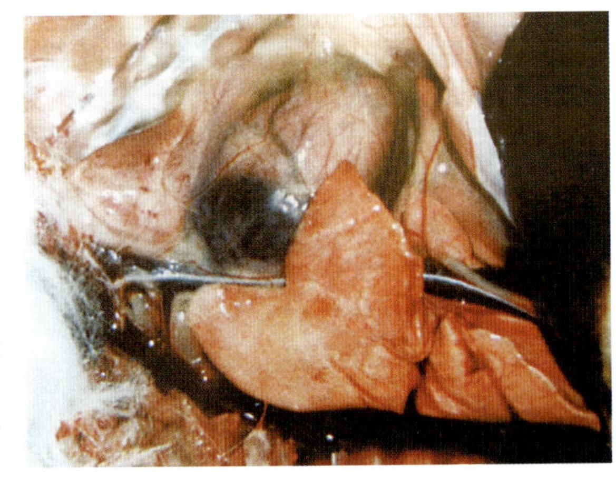

图186　心包积液，胸腺有出血点

（任克良）

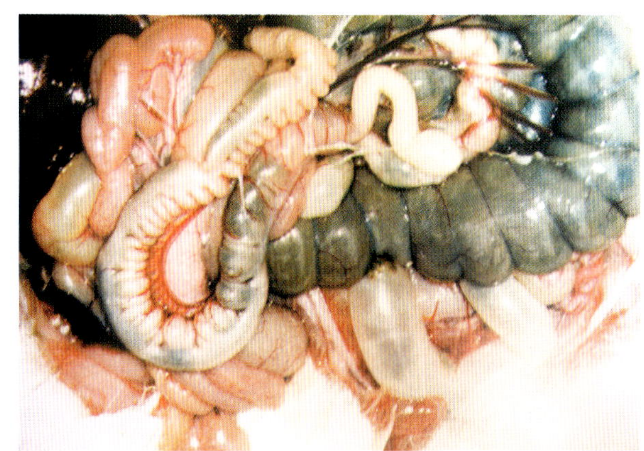

图 187　腹腔积液，肠袢有纤维素附着，肠腔有淡黄色液体
（任克良）

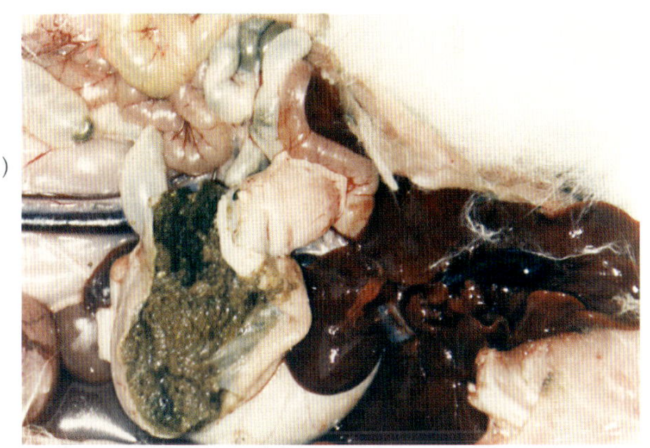

图 188　胃黏膜脱落
（任克良）

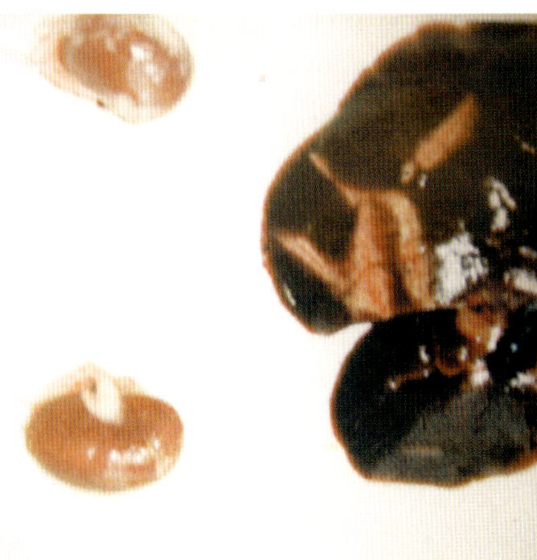

图 189　肝淤血肿大，上有坏死灶，胆囊肿大（慢性）；肾变性色淡
（任克良）

【诊断要点】①有添喂马杜拉霉素史，群发；②有上述症状和病变；③饲料与胃内容物马杜拉霉素检测。

【防治措施】禁止使用马杜拉霉素预防兔球虫病。

治疗：目前马杜拉霉素中毒尚无特效药，一般采用以下措施：①立即停止饲喂含药饲料，换用新的饲料。②口服补液盐，同时配合速补多维饮水。③将中毒兔放在安静、通风、避光处饲养。

【诊疗注意事项】禁止家兔用马杜拉霉素。

敌鼠中毒

敌鼠属一种灭鼠药。敌鼠中毒是敌鼠及其钠盐进入体内，干扰肝脏对维生素 K 的利用，抑制凝血酶原及其凝血因子的合成，使血凝不良，出血不止，而且作用于毛细血管壁，使其通透性增高，脆性增加，易破裂出血，因此这是一种以全身出血和血管渗出为特征的中毒性疾病。

【病因】家兔的中毒是由于误食了被敌鼠污染的饲料、饮水引起。在兔舍任意放置毒饵而未加强管理可造成家兔误食。

【典型症状】精神不振，不食，呕吐，出现出血性素质，如鼻、齿龈出血，血便血尿，皮肤紫癜，伴有关节肿大，跛行，腹痛，后期呼吸高度困难，黏膜发绀，窒息死亡。剖检见全身组织器官明显淤血、出血和渗出，故色暗红、有出血点，体腔有液体渗出，血液凝固不良（图 190 至图 194）。

【诊断要点】①有误食被敌鼠与敌鼠钠盐污染的饲料和饮水史；②中毒 3 天后出现以出血为主的症状；③有明显的全身出血、渗出为特征的病变；④敌鼠与敌鼠钠盐检测。

【防治措施】兔舍放置敌鼠毒饵时要有防止兔误食的措施。加强饲料库、饲料加工场所的管理，防止饲料被毒饵污染。

治疗：洗胃，灌服盐类泻药，肌注特效解毒药维生素 K_1，每千克体重 0.1 ～ 0.5 毫克，每日 2 ～ 3 次，连用 5 ～ 7 天。

【诊疗注意事项】本病的诊断除查明有误食敌鼠史外，一定注意病变的特征是全身性淤血、出血和血凝不良。

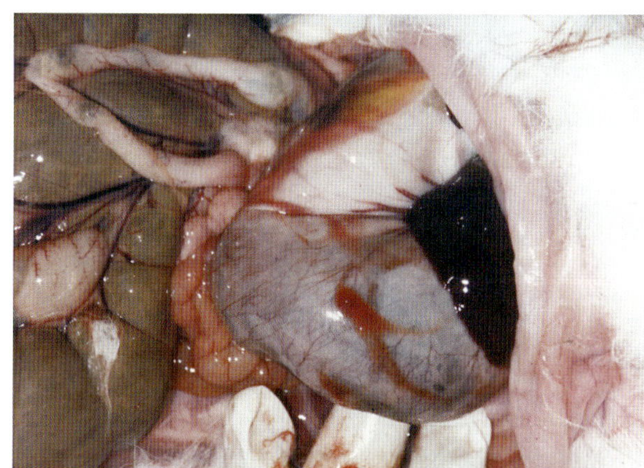

图 190　胃浆膜血管明显，大片出血

（任克良）

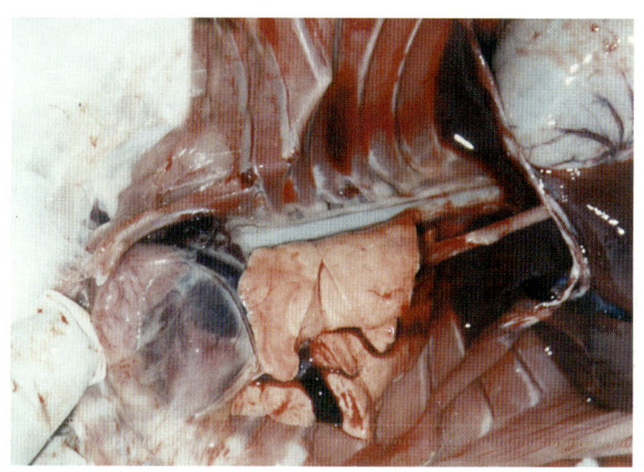

图 191　心包积液，血凝不良

（任克良）

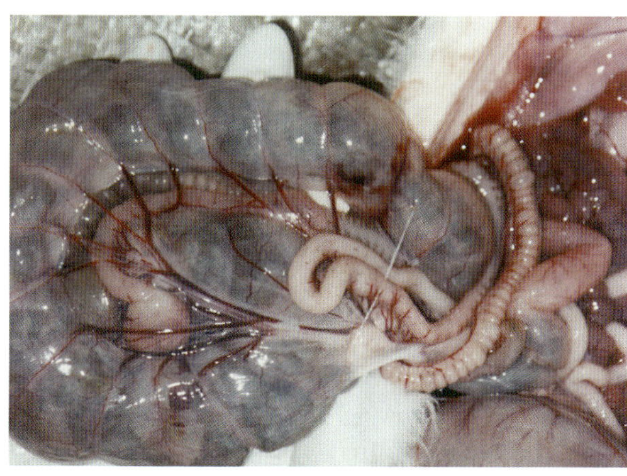

图 192　大肠浆膜淤血，色暗红，有出血和纤维素渗出

（任克良）

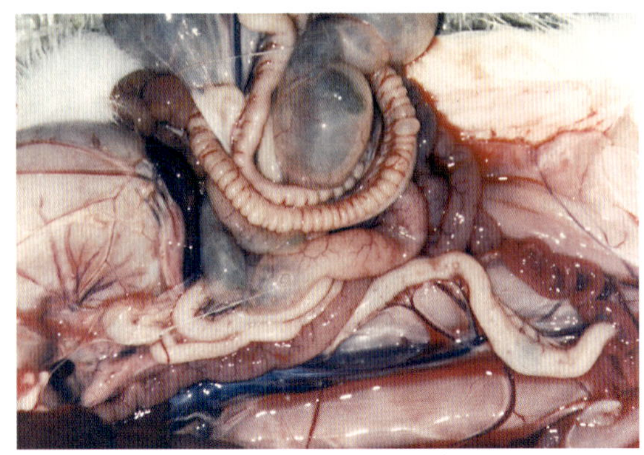

图 193 小肠与直肠浆膜出血

（任克良）

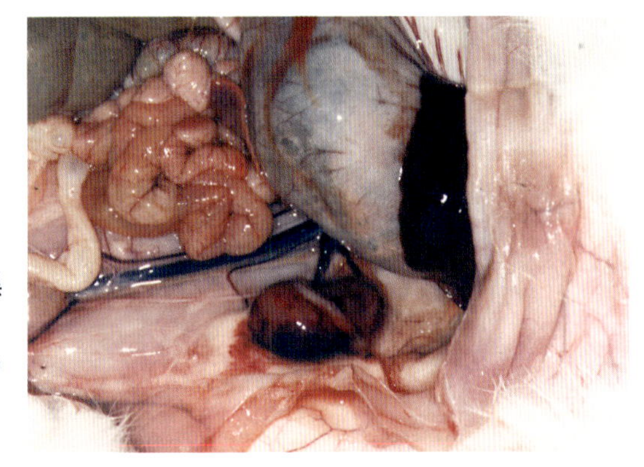

图 194 肾严重出血，呈黑红色，其他脏器颜色也变暗

（任克良）

氟乙酰胺中毒

氟乙酰胺又称敌蚜胺，俗称“闻到死”，是一种常用灭鼠药，由于在体内可活化为氟乙酸，对心血管系统及中枢神经系统有损害作用，故引起动物中毒或死亡。

【病因】家兔误食氟乙酰胺毒饵或被其污染的饲料、饮水中毒的主要原因。

【典型症状】潜伏期 0.5 ~ 2 小时，病兔精神沉郁，嗜眠（图 195），瞳孔散大，呼吸心跳加快，大小便失禁，倒地抽搐死亡。剖检见心包腔及胸腹腔有清亮液体积聚，肝肾等实质器官变性肿大，肺有细小出血点和气肿等（图 196 至图 200）。

图 195　病兔精神沉郁，嗜眠　（张小丽、陈怀涛）

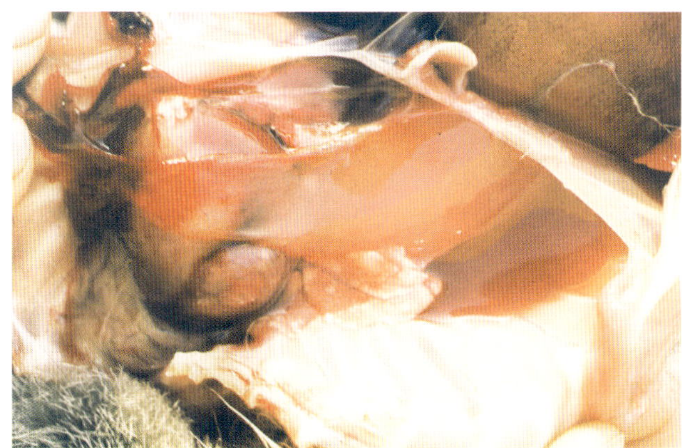

图 196　胸腔和心包腔有大量清亮的液体
（张小丽、陈怀涛）

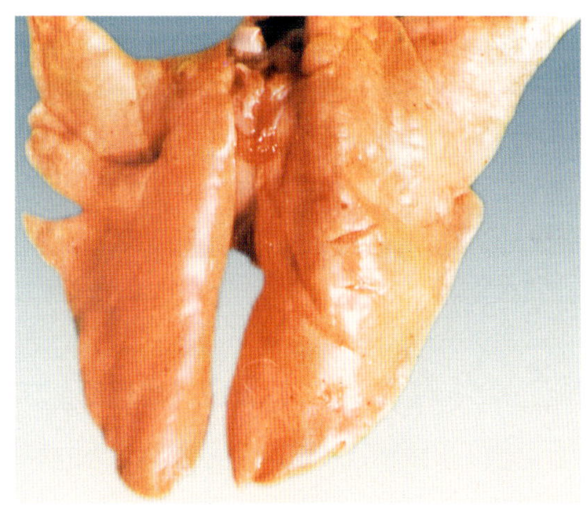

图 197　肺表面散在细小出血点，出血点周围常有肺泡气肿
（张小丽、陈怀涛）

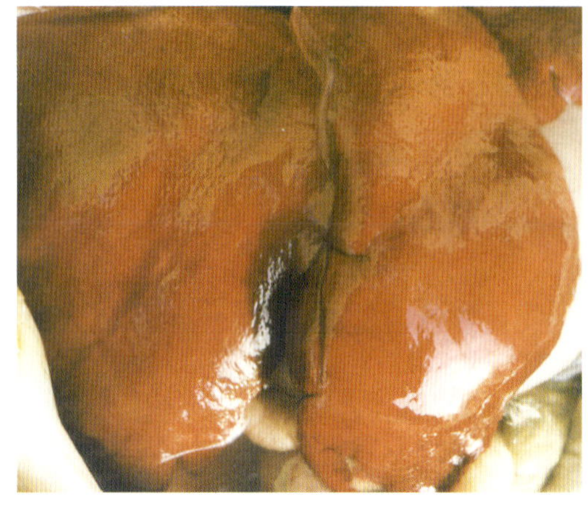

图 198　肝肿大、色黄、质脆
（张小丽、陈怀涛）

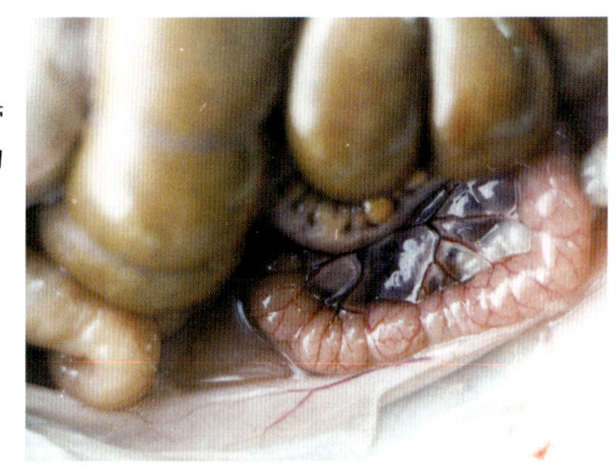

图 199　肠系膜和肠浆膜血管充血怒张，腹腔有大量清亮的液体　（张小丽、陈怀涛）

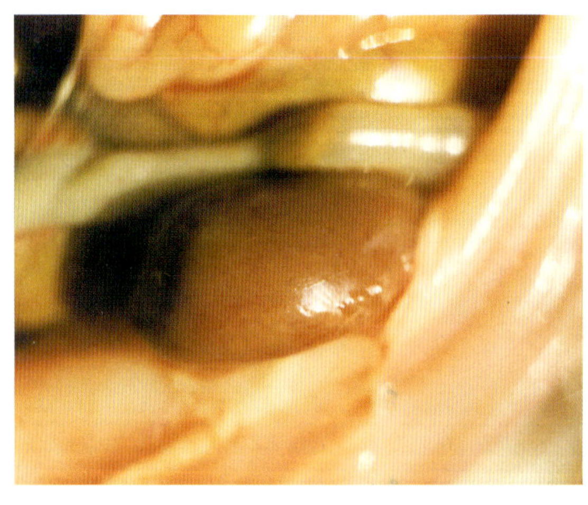

图 200　肾肿大、色黄，表面见细小的树枝状充血
（张小丽、陈怀涛）

【诊断要点】①有误食氟乙酰胺毒饵和被其污染的饲料、饮水史；②发病突然，沉郁和抽搐而死；③体腔明显积液，实质器官变性等病变；④检测肝等组织的毒物。

【防治措施】兔舍放置毒饵时要有防止兔误食的措施。加强饲料库、加工场所的管理，防止饲料被毒饵污染。

治疗：肌肉注射乙酰胺，每千克体重20～50毫克，每日2次，一般维持5～7天。

食盐中毒

【病因】饲料中食盐添加过多或使用食盐含量过高的鱼粉，同时饮水不足；有些地区用咸水喂兔等都可引起中毒。

【典型症状】病初食欲减退，精神沉郁，结膜潮红（图201），下痢，口渴。随后兴奋不安，头部震颤，步态蹒跚。严重的呈癫痫样痉挛，角弓反张，呼吸困难，牙关紧闭。卧地不起而死（图202）。剖检见出血性胃肠炎，脑膜充血、出血、水肿等病变（图203至图205）；组织上见嗜酸性粒细胞性脑炎。

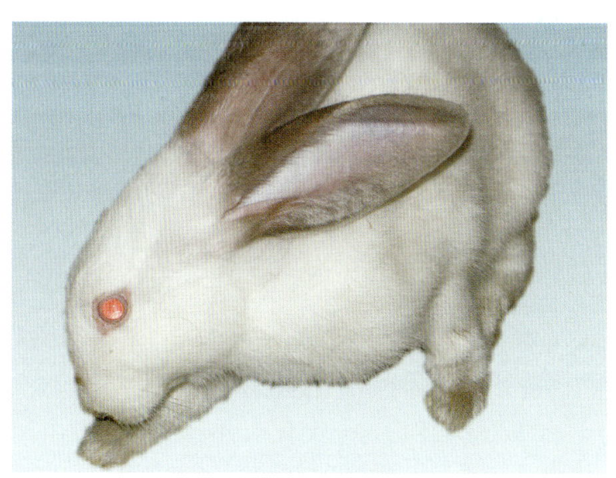

图201　病兔不安，结膜充血、潮红　（任克良）

图 202　站立不稳，前肢无力，头着地　（任克良）

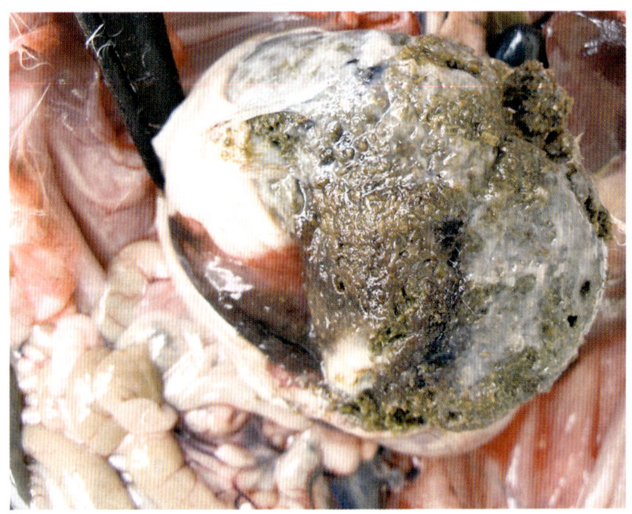

图 203　胃黏膜脱落　（任克良）

图 204　胃黏膜出血、潮红，有糜烂　　（任克良）

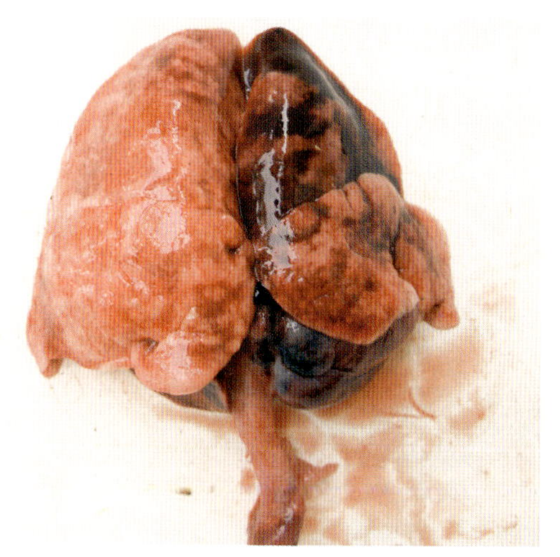

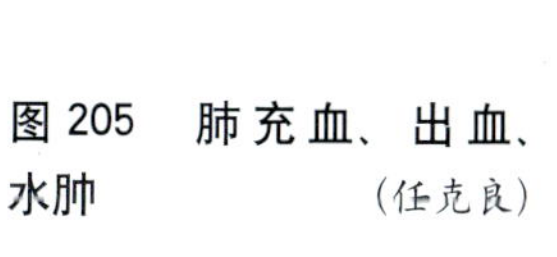

图 205　肺充血、出血、水肿　　（任克良）

【诊断要点】①有饲喂过多食盐史；②表现结膜充血、不安、昏迷等神经症状；③出血性胃肠炎，嗜酸粒细胞性脑炎；④饲料、胃肠内容物氯化钠检测。

【防治措施】严格控制饲料中食盐添加量，使用鱼粉时要将其中含盐量计算在内，供给充足的清洁饮水。

治疗：在供给大量清洁饮水的同时，内服油类泻剂 5 ～ 10 毫升。根据症状，采取镇静、补液、强心等措施。

【诊疗注意事项】根据症状和眼观病变常难以作出诊断，因此最好作脑组织切片和饲料、胃内容物氯化钠含量检测。

霉菌毒素中毒

本病是指家兔食入发霉饲料的毒素而引起的中毒性疾病。这是目前危害养兔生产的一类重要疾病。

【病因】自然环境中，许多霉菌寄生于含淀粉的粮食、糠麸、青粗饲料上，如果温度（28℃左右）和湿度（80%～100%）适宜，就会大量生长繁殖，有些会产生毒素，家兔采食即可引起中毒。常见的毒素有黄曲霉毒素、赤霉毒素等。

【典型症状】精神沉郁，不食，便秘后腹泻（图206），粪便带黏液或血（图207），流涎，口唇皮肤发绀，常将两后肢的膝关节凸出于臂部两侧，呈“山”字形伏卧笼内，呼吸急促，出现神经症状，后肢软瘫，全身麻痹。母兔不孕，孕兔流产。慢性者精神萎靡，不食，腹围膨大（图208）。剖检见肺充血、出血，肝样病变（图209）。肠黏膜易脱落，肠腔内有白色黏液（图210）。肾、脾肿大，淤血（图211）。盲肠积有大量硬粪，肠壁菲薄，有的浆膜有出血斑点（图212）。

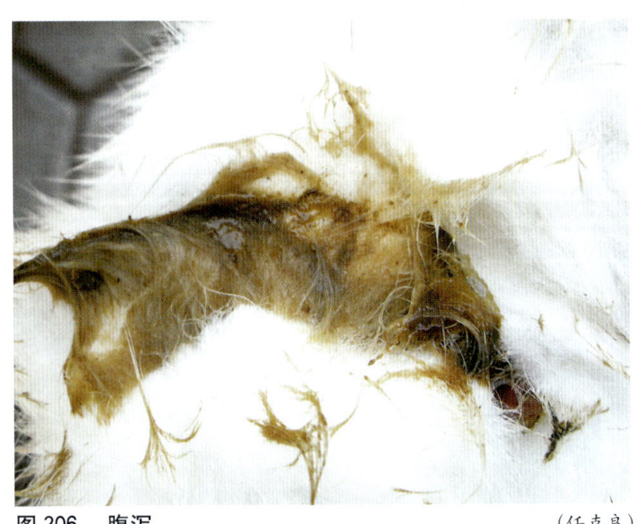

图206　腹泻　（任克良）

图 207　黏液粪便

（任克良）

图 208　腹围膨大

精神不振，不食，腹围膨大。

（任克良）

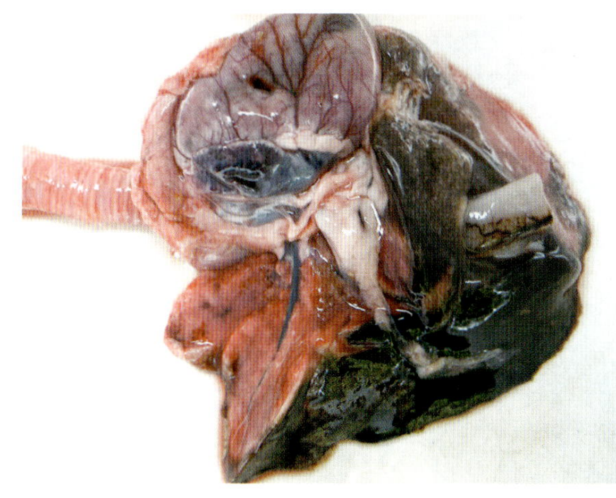

图 209　霉菌中毒

肺充血、有出血斑，局部肝样病变。

（任克良）

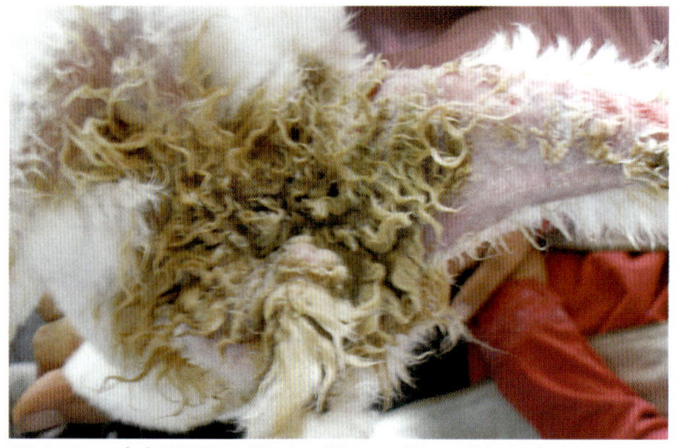

图 213　患部潮湿、脱毛、发红，进而引起组织坏死

（任克良）

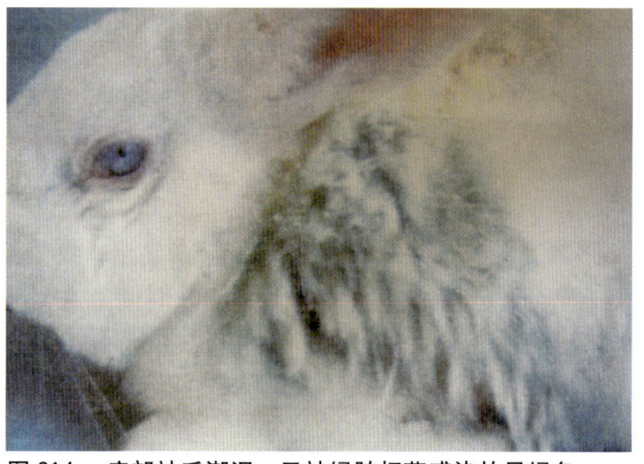

图 214　肩部被毛潮湿，又被绿脓杆菌感染故呈绿色

（西班牙 HIPRA，S.A 实验室）

溃疡性脚皮炎

本病是指家兔跖骨部的底面，以及掌骨、指骨部的侧面所发生的损伤性溃疡性皮炎。獭兔极易发生。

【病因】 笼地板粗糙、高低不平，金属底网铁丝太细、凸凸不平，兔舍过度潮湿等均易引发本病。神经过敏，脚毛不丰厚的成年兔、大型兔种较易发生。

【典型症状】 患兔食欲下降，体重减轻，驼背，呈踩高跷步样，四肢频频交换支持负重。跖骨部底面或掌骨部侧面皮肤上覆盖干燥硬痂或大小不等的局限性溃疡（图 215 至图 217）。溃疡部可继发细菌感染，有时在痂皮下发生脓肿（多因金黄色葡萄球菌感染）。

【诊断要点】 獭兔易感，笼底制作不规范的兔群易发。后肢多发。有上述明显的临床症状。

图 215　跖骨部底面破溃并出血　（任克良）

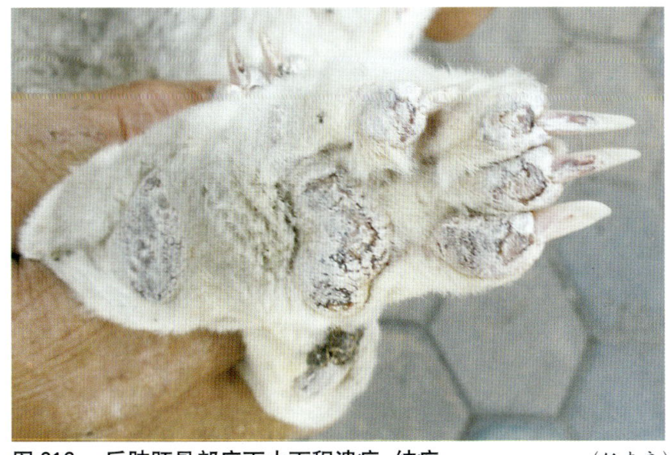

图 216　后肢跖骨部底面大面积溃疡、结痂　（任克良）

图 217　前肢掌心溃疡、结痂

（任克良）

【防治措施】兔笼底以竹板为好，笼底要平整，竹板上无钉头外露，笼内无锐利物等。保持兔笼、产箱内清洁、卫生、干燥。选择脚毛丰厚者作种。

治疗：先将患兔放在铺有干燥、柔软的垫草或木板的笼内。治疗方法有：①用橡皮膏围绕病灶重复缠绕（尽量放松缠绕），然后用手轻握压，压实重叠橡皮膏，20 ～ 30 天可自愈。②先用 0.2% 醋酸铝溶液冲洗患部，清除坏死组织，再涂擦 15% 氧化锌软膏或土霉素软膏。当溃疡面开始愈合时，可涂擦 5% 龙胆紫溶液。如病变部形成脓肿，应按外科手术排脓后用抗生素药物进行治疗。

【诊疗注意事项】局部治疗和全身治疗结合。

创伤性脊椎骨折

【病因】捕捉、保定方法不当、受惊乱窜或从高处跌落以及长途运输等原因均可使腰椎骨折、腰荐脱位。

【典型症状】后躯完全或部分突然麻痹，患兔拖着后肢行走（图218）。脊髓受损，肛门和膀胱括约肌失控，大小便失禁，臀部被粪尿污染（图219）。轻微受损时，也可于较短期内恢复。剖检见脊椎某段受损断裂，局部有充血、出血、水肿和炎症等变化，膀胱因积尿而胀大（图220、图221）。

【诊断要点】发病突然，症状明显，剖检时见椎骨局部有明显病变，骨折常发生在第七腰椎体或第七腰椎后侧关节突。

【防治措施】本病无有效的治疗方法，以预防为主：①保持舍内安静，防止生人、其他动物（如狗、猫等）进入兔舍。②正确抓兔和保定兔，切忌抓腰部或提后肢。③关好笼门，防止兔从高层掉下。

图218　后肢瘫痪，患兔拖着后肢前移　（任克良）

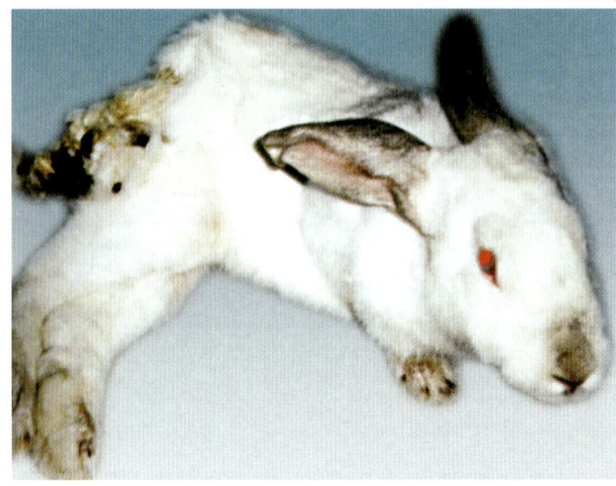

图219　脊髓受损，粪尿失禁，沾污肛门周围及后肢被毛

（任克良）

图220　腰椎折断处出血，膀胱积尿

（任克良）

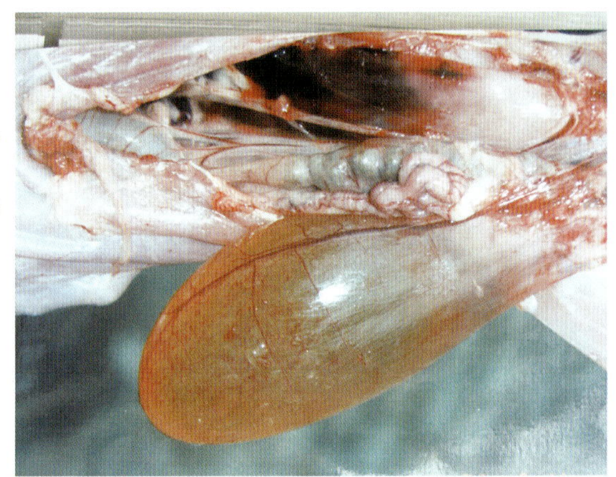

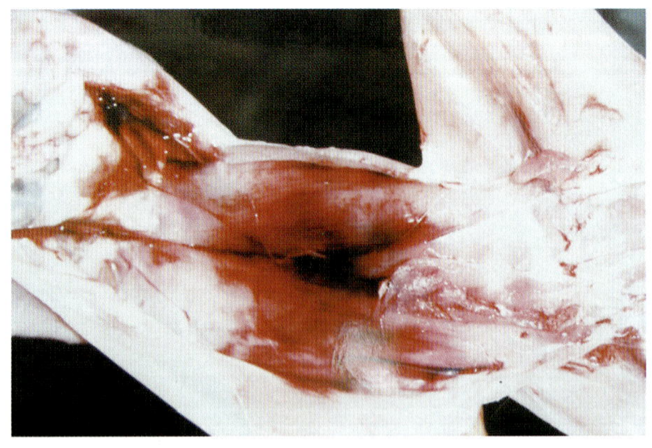

图221　腰椎折断处明显出血

（任克良）

肠套叠

【病因】 家兔采食冰冻饲料、冰块、受寒、感冒、惊恐、肠道异物或肿瘤等刺激，导致一段肠管套入相连的另一段肠管内。

【典型症状】 突然发生剧烈腹痛症状，表现不安，起卧，打滚，呼吸困难，脉搏加快，并迅速继发胃肠臌气，最后精神沉郁。可能排黏性血便。触诊时可感到腹肌紧张，套叠段肠管硬实、敏感、疼痛。剖检套叠部肠段紫红、肿胀，有炎症变化（图222至图224）。套叠部前段臌气、充满食糜。

【诊断要点】 根据典型症状和触诊一般可做出诊断，剖检可做出确诊。

【防治措施】 保持兔舍安静。冬季防止家兔吞食冰冻饲料和冰块，注意保暖。

治疗：以手术为主。病初肠管尚好的，可整复肠管后调理胃肠机能。病程稍长，肠管已坏死者，应截断套叠段，进行肠管吻合。因肿

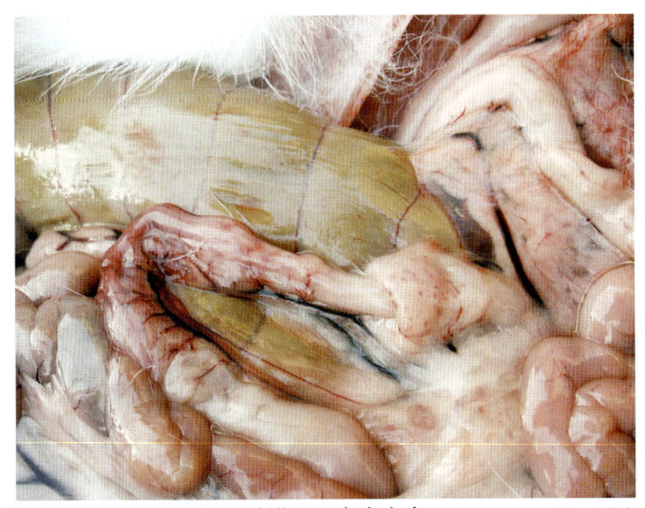

图222　小肠套叠处肠壁增厚，有出血点　（任克良）

图 223　套叠段增粗、质硬、淤血　（任克良）

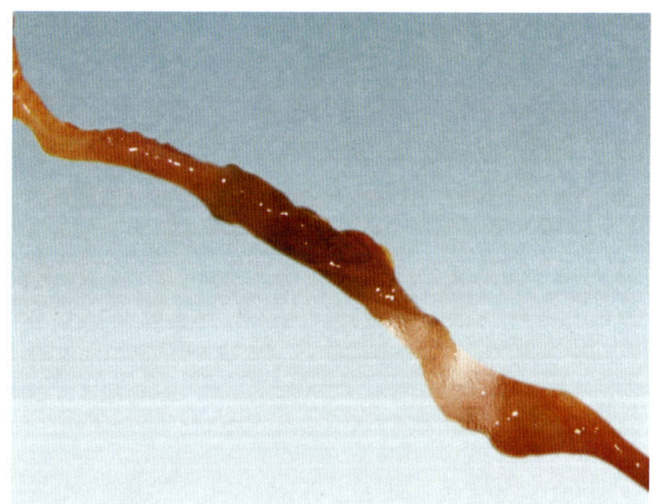

图 224　套叠部，仍见整复后的原小肠淤血、水肿

（任克良）

瘤或异物引起的，要同时摘除肿瘤和排除异物。术后应用抗生素治疗，连用 3 天，以防感染。

【诊疗注意事项】生前易和其他肠变位的症状混淆，注意鉴别。

直肠脱与脱肛

直肠后段全层脱出于肛门外称为直肠脱。若仅直肠后段黏膜脱出于肛门外称为脱肛。

【病因】 慢性便秘、长期腹泻、直肠炎及其他使兔经常努责的疾病是本病的主要原因。营养不良，年老体弱，长期患某些慢性消耗性疾病，某些维生素缺乏等是本病发生的诱因。

【典型症状】 病初仅在排便后见少量直肠黏膜外翻，呈球状，为粉红或鲜红色（图 225），但常能自行恢复。如进一步发展，脱出部不能自行恢复，且增多变大，使全层脱出成为直肠脱（图 226），多呈棒状，引起水肿淤血，呈暗红色或青紫色，易出血。表面附有兔毛、粪便和草屑。随后黏膜坏死、结痂。严重者导致排粪困难，体温、食欲等有明显变化，治疗不及时可引起死亡。

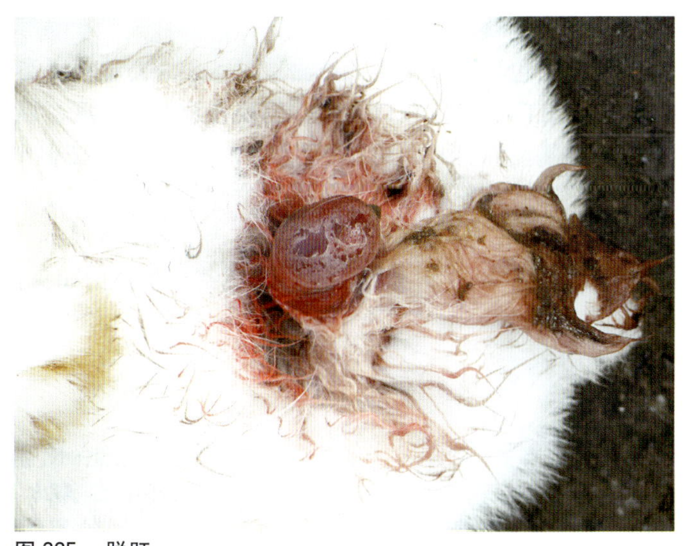

图 225　脱肛

直肠后段黏膜脱出于肛门外，脱出黏膜红肿、破溃。

（任克良）

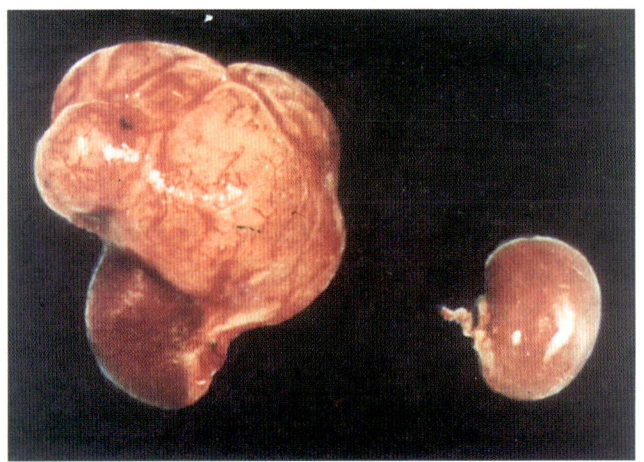

图 233　成肾细胞瘤肾脏前端有一较大肿瘤形成，右侧为大小正常的对照肾脏　（丁良骐）

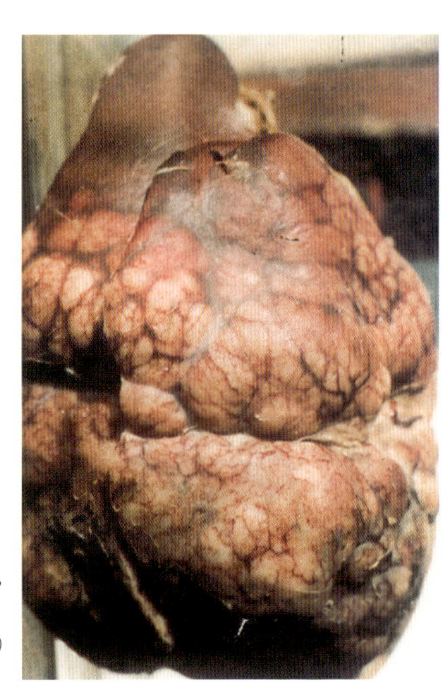

图 234　成肾细胞瘤

肿瘤生长迅速，个体很大，表面呈结节状，有丰富的血管分布，肾脏几乎消失。

（陈可毅）

淋巴肉瘤

淋巴肉瘤是起源于淋巴组织的一种恶性肿瘤。

【病因】可能与遗传等多种因素有关。

【典型症状】本病较多发生于幼年和青年兔，以6～18月龄的兔更为易发。临床表现：贫血，中性粒细胞减少，而未成熟的淋巴细胞大量增加，血红蛋白降低。剖检见多处淋巴结肿大、色灰白（图235），消化道的淋巴滤泡和淋巴集结明显肿大（图236）。脾肿大，切面有灰白色颗粒状结节。肾肿大，表面常有白色斑块和隆起，从切面可见这些病变主要位于皮质（图237）。肝肿大，表面有灰白色区和结

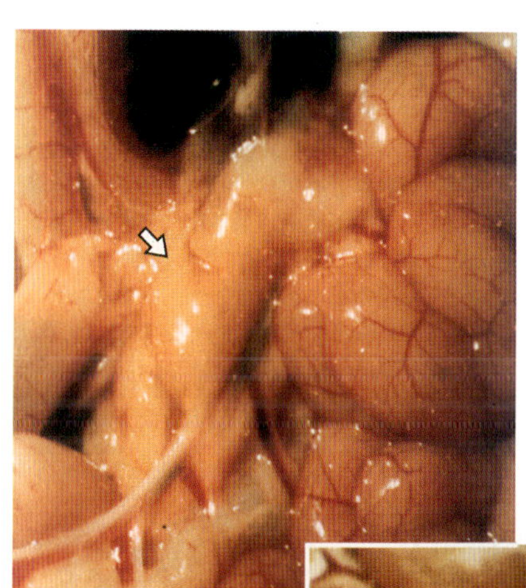

图235　淋巴肉瘤

肠系膜淋巴结增大、色灰白。　（陈怀涛）

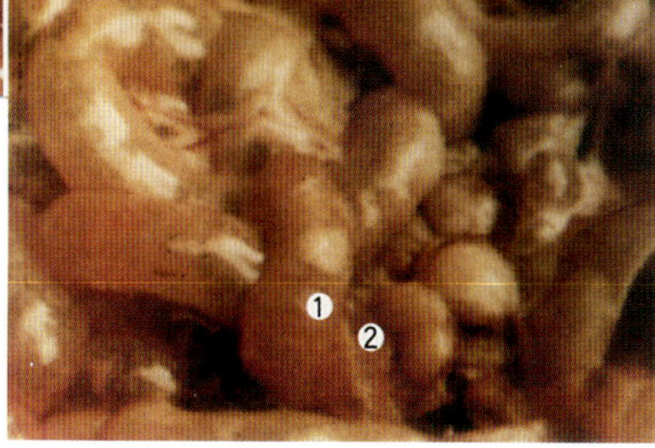

图236　淋巴肉瘤

小肠淋巴集结（1）和肠系膜淋巴结(2)都增大。（陈怀涛）

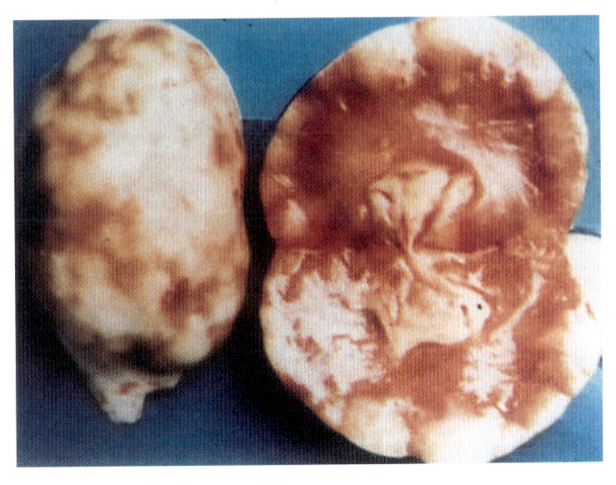

图 237　淋巴肉瘤
肾脏有许多灰白色淋巴肉瘤结节。右：肾表面；左：肾切面，肿瘤结节主要位于皮质。（范国雄）

节。胃、扁桃体、卵巢、子宫、肾上腺也常出现肿瘤性病变。

【诊断要点】①血象变化；②病理变化。

【防治措施】研究发现淋巴肉瘤的发生率与遗传因素有关，因此要加强选种，病兔应进行淘汰，不宜留作种用。

牙齿生长异常

【病因】遗传因素；饲养不合理，如只喂粉料，牙齿不能经常磨损而过度生长等；饲料中缺钙。

【典型症状】各种兔均可发生，幼兔、青年兔多发。上、下门齿或二者生长均过长，且不能咬合。下门齿常向上、向嘴外伸出，上门齿向内弯曲，常刺破牙龈和嘴唇黏膜（图 238、图 239）。患兔因不能正常采食，出现消瘦，营养不良。若不及时处理，最终因衰竭而死亡。

【诊断要点】根据牙齿病变即可确诊。

【防治措施】①防止近亲交配。②淘汰兔群中牙齿畸形兔。③推广颗粒饲料喂兔。用粉料喂兔时，每天需给兔笼中放置一些带皮的新鲜树枝等，让兔自由啃咬。④日粮中添加富含钙饲料。

治疗：种兔或达出栏标准商品兔及时淘汰。小病兔可用钳子或剪刀定期将门齿过长的部分剪下，断端磨光，达出栏标准淘汰。

图 238　下门齿过度生长，伸向口外，无法采食

（任克良）

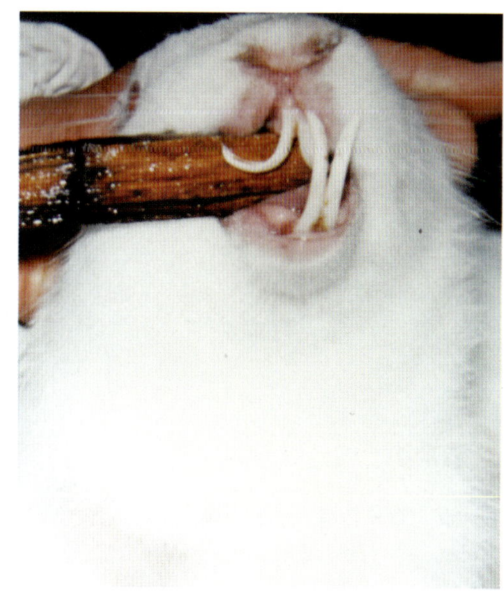

图 239　上、下门齿均过度生长并弯曲，不能咬合

（任克良）

牛 眼

牛眼又称水眼，或先天性幼畜青光眼，是家兔中较常见的遗传性疾病之一。

【病因】 可能是一种常染色体隐性遗传。家兔饲料中缺乏维生素 A 时易发。

【典型症状】 5 月龄左右的兔易发，单侧或双侧受害。患兔眼前房增大，角膜开始清晰或轻微混浊，随后失去光泽，逐渐混浊，结膜发炎，眼球突出和增大像牛眼一样圆睁而突出（图 240）。

【诊断要点】 饲料中缺乏维生素 A 时易发。根据特征性眼部变化可做确诊。

【防治措施】 供给含维生素 A 丰富的饲料；病兔不作种用，适时淘汰患兔。

图 240　患兔的眼大而突出，似牛眼

（任克良）

主要参考文献

[1] 陈怀涛编著．兔病诊治彩色图说．北京：中国农业出版社，1998

[2] 任克良主编．兔病诊断与防治原色图谱．北京：金盾出版社，2001

[3] 王永坤，刘秀梵，符敖齐．兔病防治．上海：上海科学技术出版社，1990

[4] 蒋金书主编．兔病学．北京：北京农业大学出版社，1991

[5] 任克良主编．现代獭兔养殖大全．太原：山西科学技术出版社，2001

[6] 王云峰，王翠兰，崔尚金．家兔常见病诊断图谱．北京：中国农业出版社，1999

[7] 柴家前主编．兔病快速诊断防治彩色图册．济南：山东科学技术出版社，1998

图书在版编目（CIP）数据

兔病诊疗原色图谱/任克良，陈怀涛著．—北京：中国农业出版社，2008.5

（兽医临床诊疗宝典）

ISBN 978-7-109-12524-7

Ⅰ．兔…　Ⅱ．①任…　②陈…　Ⅲ．兔病-诊疗-图谱　Ⅳ．S858．291-64

中国版本图书馆CIP数据核字（2008）第018679号

中国农业出版社出版

（北京市朝阳区农展馆北路2号）

（邮政编码　100125）

责任编辑　颜景辰

中国农业出版社印刷厂印刷　　新华书店北京发行所发行

2008年8月第1版　　2008年8月北京第1次印刷

开本：889mm×1194mm　1/32　　印张：4.75

字数：136千字　　印数：1～8 000册

定价：38.00元